国家空间治理与行政区划研究丛书 | 孙斌栋主编

U0656397

国家自然科学基金青年基金项目(42301199)
教育部人文社会科学研究青年基金项目(22YJC790037)
教育部人文社会科学重点研究基地重大项目(22JJD790015)
中原英才计划(育才系列)——中原文化青年拔尖人才项目

中国城市空间结构的生态绩效

韩帅帅　著

东南大学出版社
SOUTHEAST UNIVERSITY PRESS
·南京·

内容提要

探索新发展格局下的城市高质量发展之路,是新型城镇化健康发展的必然要求。本书以中国城市如何通过空间规划以实现生态绩效提升为关键议题,通过构建"减污、增绿、防灾"三位一体的城市生态内涵框架,分别从市辖区和市域尺度研究了人口空间结构对于空气污染、绿色空间和热岛效应的影响。从城市生态整体性和空间多尺度性来看,单一的空间结构不一定具有绝对高的生态绩效。中国城市正在大范围地推广新城新区和工业园区建设,"一刀切"地实施多中心规划具有生态风险,要根据不同的生态问题、不同的空间尺度选择合适的空间规划方案,以达到提升城市整体生态绩效的目的。

本书主要面向对城市地理、区域经济、城市与区域管理等相关专业感兴趣的读者。

图书在版编目(CIP)数据

中国城市空间结构的生态绩效 / 韩帅帅著. -- 南京 :
东南大学出版社,2025.7. --(国家空间治理与行政区
划研究丛书 / 孙斌栋主编). -- ISBN 978-7-5766-1823-
5

Ⅰ. TU984. 11

中国国家版本馆 CIP 数据核字第 2024KV2895 号

责任编辑:孙惠玉　李倩　　责任校对:张万莹　　封面设计:孙斌栋　王玥　　责任印制:周荣虎

中国城市空间结构的生态绩效

Zhongguo Chengshi Kongjian Jiegou De Shengtai Jixiao

著　　者:韩帅帅
出版发行:东南大学出版社
出 版 人:白云飞
社　　址:南京四牌楼 2 号　邮编:210096
网　　址:http://www. seupress. com
经　　销:全国各地新华书店
排　　版:南京布克文化发展有限公司
印　　刷:南京凯德印刷有限公司
开　　本:787 mm×1092 mm　1/16
印　　张:11. 5
字　　数:280 千
版　　次:2025 年 7 月第 1 版
印　　次:2025 年 7 月第 1 次印刷
书　　号:ISBN 978-7-5766-1823-5
定　　价:59. 00 元

随着中国国家实力的不断增强，如何构建适合的国家治理体系已经被提到日程上来，党的十九届四中全会提出了推进国家治理体系和治理能力现代化的要求。空间治理是国家发展和治理的重要组成部分，这源于空间在国家发展中的基础性地位。空间是国民经济发展的平台，所有的社会经济活动都是在空间平台上开展的。空间更是塑造竞争力的来源，空间组织直接决定资源配置的效率，影响经济增长和就业等重大国民经济任务，决定一个国家和民族的发展后劲和竞争力，对于疆域辽阔的大国尤其如此。当前阶段中国正处于由经济大国迈向经济强国的关键时期，也正处于百年未有之大变局的关键时刻。突如其来的新型冠状病毒感染正在波及全球，全球经济体系面临严重危机，中国提出通过形成以国内大循环为主体、国内国际双循环相互促进的新发展格局来应对此次危机，客观上也迫切需要相应的生产力空间布局来支撑。城市群是中国新型城镇化的主要空间载体，中心城市是支撑中国国民经济持续发展的增长极，如何通过合理的空间组织和高效的空间治理来增强城市群和中心城市的综合承载力，并发挥对国家发展的引领与带动作用，是当前面临的重要任务。

空间的复杂性决定了空间科学研究的滞后性，有关空间规律的研究有大量的学术空白待填补，空间研究也因此被经济学主流学者认为是经济学最后的前沿。集聚与分散是最基本的空间维度，探索空间集聚与分散的规律是攻克空间前沿难题的必经之路。集聚不经济的存在使得城市与区域空间从单中心空间结构向多中心空间结构转型。集聚中有分散，分散中有集聚。集聚促进经济增长的重要作用得到了广泛的认可，但对于集聚的空间结构，包括其形成机制和作用，我们还知之甚少。哪种空间组织更有利于高质量的发展，以及如何推动合理的空间结构的形成需要严谨、规范的科学研究来支撑。

除了市场规律之外，行政区划是影响中国空间组织的一个特殊且不可忽视的要素。行政区划是国家权力在空间的投影，也是国家治理体系建设的空间基础。中国改革开放以来的经济繁荣源于地方经济发展的积极性，但由此而形成的"行政区经济"也束缚了一体化和市场化，制约了效率的进一步提高。当前推进区域一体化和地区协同发展的瓶颈就在于此。党中央高度重视行政区划优化问题，《中共中央关于制定国民经济和社会发展第十四个五年规划和二〇三五年远景目标的建议》提出要"优化行政区划设置，发挥中心城市和城市群带动作用"。优化行政区划，助力于提升国家治理能力与加强治理体系的现代化建设，正成为理论界和政策界都关注的热点问题。

当代中国行政区划的研究起始于 20 世纪 90 年代。1989 年 12 月 5—7 日，由民政部主持、在江苏省昆山市召开的首届"中国行政区划学术研讨会暨中国行政区划研究会成立大会"是重要标志。1990 年 5 月，经民政部批准在华东师范大学成立中国行政区划研究中心。在中心创始主任刘君德先生的带领下,中国行政区划研究中心从理论创新到实践开拓、从人才培养到学科建设,均硕果累累,为推进中国行政区划事业改革做出了积极贡献。在理论研究方面,中国行政区划研究中心原创性地提出了"行政区经济理论""行政区—社区"思想等理论体系。在服务地方方面,中国行政区划研究中心主持了江苏、上海、海南、广东等地的几十项行政区划研究课题,做到了将研究成果应用到祖国大地上。在人才培养方面,中国行政区划研究中心培养的很多青年人才已经成长为行政区划研究领域的知名学者或政府领导。进入 21 世纪以来,中国行政区划研究中心的年轻一代学者不负众望,也正在取得骄人的成绩。中国行政区划研究中心相继承担了国家社会科学基金重大项目、国家自然科学基金项目、民政部关于中心城市内部行政区划调整和省会城市行政区划设置研究等科研攻关任务,以及大连市、伊春市等地方行政区划规划课题;研究成果获得了高等学校科学研究优秀成果奖、上海市决策咨询研究成果奖、上海市哲学社会科学优秀成果奖等一系列荣誉,并得到了中央和地方领导的批示和肯定;举办了一年一度的国家空间治理与行政区划全国性学术研讨会,开启了对地方政府行政区划管理人员的培训。中国行政区划研究中心作为中国"政区地理学"的主要科研阵地之一,得到了国内外同行的广泛认可。

作为国家空间治理的重要智库,民政部政策理论研究基地——华东师范大学中国行政区划研究中心有责任、有使命做好新形势下空间治理和行政区划研究工作,在大变局中有更大作为。其中,理论研究是重中之重,是政策研究和智库工作的基础,是服务国家战略的立身之本。本丛书立足学术最前沿,贯穿空间组织和行政区划两条主线,以构建空间结构理论和发展、弘扬行政区经济理论为己任。在空间组织方面,从全国、区域、城市、社区等不同空间尺度分析空间结构的格局和演化,从经济、社会、生态多个维度测度空间结构的绩效,从市场和政府不同机制角度探索空间组织规律;在行政区划方面,从地理学、政治学、经济学、公共管理学、历史学等多个视角透视行政区经济的本质,从行政区经济正反两个方面的效应综合评价行政区划的作用,立足经济建设、政治建设、文化建设、社会建设、生态文明建设"五位一体"的总体布局,来探讨行政区划的运行规律。本丛书不仅要打造空间组织科学和行政区划科学的学术精品,而且要从空间维度为国家治理提供学术支撑和政策参考。

是为序。

孙斌栋

华东师范大学中国行政区划研究中心主任

2021 年 7 月 31 日于上海

　　伴随着城市化进程,城市成为社会和环境矛盾最突出的地方,而空间结构调整成为城市生态治理的重要手段之一。人口的过度集聚会造成交通拥堵、生态空间锐减、污染集中排放和热岛效应等问题;然而,人口的无序分散也可能会造成能源浪费、环境监督不到位等问题。因此,强调人口高密度集中的单中心结构和强调人口去中心化的多中心结构,哪一个具有更高的生态绩效?这是本书的第一个关注点。城市的空间结构并不会直接影响生态,但是人口的分布可以通过影响工业企业的空间布局来影响城市生态。工业企业占据城市大量不透水面,是城市主要的污染源和热源。因此,工业企业空间分布在其中承担的机制作用,是本书的第二个关注点。空间结构对空间尺度具有敏感性。例如,一个城市从市辖区尺度来看呈现人口单中心分布,但从市域尺度上观察可能会变成多中心格局,这会直接影响对城市生态绩效的判断。因此,本书的第三个关注点是比较空间结构的生态绩效在不同空间尺度上的差异性。

　　鉴于以往研究中并未形成统一的城市生态分析框架,本书构建了"减污、增绿、防灾"三位一体的城市生态内涵框架,分别从市辖区和市域尺度研究了人口单中心和多中心结构对于空气污染、绿色空间和热岛效应的影响,并检验了工业企业空间分布在其中的作用机制。主要发现如下:

　　第一,对于空气污染,市辖区尺度的人口单中心结构有利于降低细颗粒物($PM_{2.5}$)的排放量,市域尺度的多中心人口分布有利于降低 $PM_{2.5}$ 排放量。通过机制分析发现,在尺度较小的市辖区中,单中心将工业企业集中在城市中心;而在尺度较大的市域中,多中心将工业企业分散到副中心。由此可能导致集中在市辖区中心的工业企业通过知识溢出提高技术水平,邻近性可以共享环保设施,加之受到较高的环境规制从而降低了 $PM_{2.5}$ 排放量;而分散在市域的工业企业,将节省的地租和劳动力成本用于环保投入,且集聚在市域副中心的工业企业也会受集聚经济的影响,从而减少对外围地区的污染。

　　第二,对于绿色空间,无论是在市辖区还是市域尺度,多中心的人口分布结构不仅有利于增加绿色空间的面积占比,而且能够提高绿色空间的可达性。从机制实证来看,人口多中心结构带来了市辖区和市域工业企业的去中心化。这可能会产生两个方面的结果:一方面,城市中心(主中心)的不透水面会转化为绿色空间,而郊区(副中心)因为企业的集聚而产生经济增长,更有资金建设绿色空间,这都会促进绿色空间面积的增加。另一方面,多中心半径变得更小,加之密度的下降会提升交通效率,因此绿色空间的可达性也会同时提高。

　　第三,对于热岛效应,无论是在市辖区还是市域尺度,多中心的人口分布结构都有利于降低热岛强度。通过机制研究发现,多中心的人口结构将主要热源——工业企业,从城市中心(主中心)转移到郊区(副中心)。这会在一定程度上缩小市辖区和市域空间内中心和外围的温度差,进而降低热岛强度。

　　总之,结合城市生态与空间尺度看,单一的空间结构并不一定具有绝对高的生态绩效水平。在市域尺度，多中心具有城市生态的整体最优绩效，而在市辖区尺度，单中心有利于降低空气污染物排放量，多中心有利于提升绿色空间绩效，并降低热岛强度。在城市规划实践中要具体问题具体分析，因地制宜地选择合适的规划策略。

本书的创新之处在于：在研究框架上，区别于以往仅仅关注城市生态的某一要素，本书构建了一个完整的城市生态内涵框架，能够代表城市生态的典型性和整体性，提供了对城市生态绩效研究的完整认知；在研究结果上，发现并不存在一种完美的空间结构能够统一地提高所有城市生态要素的绩效，要根据空间尺度和具体的生态问题选择合适的空间规划策略；在作用机制上，不同于以往文献仅关注交通的中介作用，以及定性的研究范式，本书聚焦于工业企业的空间布局，并实证了其在空间结构和城市生态之间的机制传导。

本书的发现对于城市空间治理和城市规划具有重要的政策实践意义。中国的城市正在大范围地推广新城新区和工业园区建设，这在很大程度上能够提高城市的绿色空间绩效，同时降低热岛强度，但是对于市辖区尺度而言，单中心的人口结构更有利于提升空气质量。因此，"一刀切"地实施多中心规划具有生态风险，并不存在"包治百病"的城市生态规划方案。在城市生态实践过程中，要具体问题具体分析，根据不同的生态问题、不同的空间尺度，因地制宜地选择合适的空间结构方案，以达到提升城市整体生态绩效的目的。

本书的出版除了受到国家自然科学基金青年基金项目（42301199）、教育部人文社会科学研究青年基金项目（22YJC790037）、教育部人文社会科学重点研究基地重大项目（22JJD790015）、河南科技大学博士科研启动经费和国家社会科学基金重大项目（23ZDA049）的资助外，还是中原英才计划（育才系列）——中原文化青年拔尖人才项目、河洛文化青年拔尖人才项目、河南科技大学A类博士人才项目和河南省留学人员科研择优资助经费项目的阶段性成果。感谢华东师范大学孙斌栋教授、河南大学苗长虹教授、河南科技大学王丹丹教授，他们对本书的顺利出版贡献了极大的智慧。当然，由于笔者的水平有限，本书疏漏之处敬请读者批评指正，文责自负。

目录

1 绪论

1.1 背景与问题

　　人口向城市聚集已经成为当今世界发展格局的基本现实。据联合国经济和社会事务部统计,2007 年全球城市地区的人数首次超过农村地区的人数(图 1-1),城市成为全球经济和社会发展的主阵地。2017 年,有 41 亿人居住在城市地区,约占全球总人口的 54.7%,预计到 2050 年,这个比重将超过 66.7%(United Nations, 2019)。大量人口在城市中的集聚,一方面可以提高生产效率,提供更优质的基础设施,形成城市化景观;另一方面也对城市的生态环境产生了巨大的负面影响(宁越敏等,2015)。

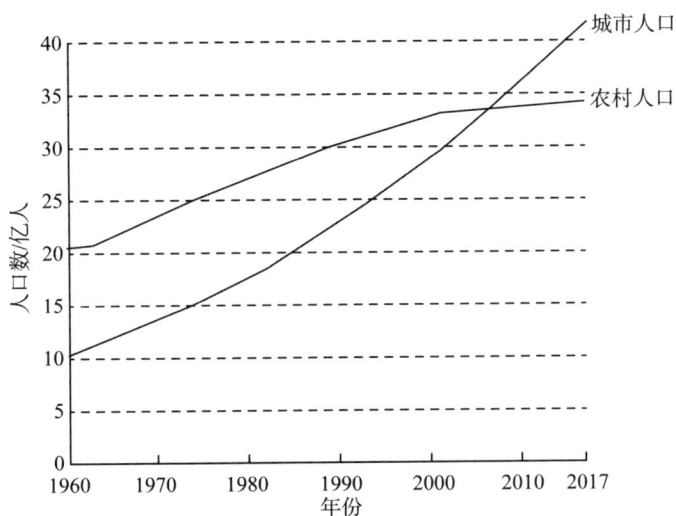

图 1-1　1960—2017 年全球城市人口与农村人口增长

1.1.1　现实背景

1) 城市生态环境问题突出,严重威胁可持续发展

城市化水平的不断提高带来城市规模的急速扩大,由于集聚不经济的

存在,企业超标排放、交通拥堵、绿地被蚕食、河流水库遭破坏、热岛效应等城市病接踵而至(宁越敏,2012)。与城市化相伴生的全球城市生态环境正在遭遇工业革命以来最严峻的考验。

(1)城市空气质量恶化:人口集聚中心变为污染中心

2016年,世界卫生组织(Word Health Organization,WHO)对全球103个国家和地区的3 000多个城市的可吸入颗粒物(PM_{10})和细颗粒物($PM_{2.5}$)水平进行调查观测,发现达标城市仅占总数的16%。而在区域与城市的对比中发现,全球各个地区的城市$PM_{2.5}$浓度值都要高于区域整体的平均值(表1-1)。其中,发展中地区相对于发达地区污染更严重,亚洲相对于大洋洲、北美和欧洲地区污染更严重,其中东亚的城市地区成为空气污染的重灾区。WHO同时对2008—2013年的空气细颗粒物污染趋势进行分析,发现虽然个别地区(如美国)有所改善,但全球城市空气污染的整体水平上升了8%。

表1-1　2016年全球不同区域与城市$PM_{2.5}$浓度值

类别	区域平均值	城市平均值
世界	38	39.6
发达地区	11	11.9
发展中地区	44	45.3
东亚	45	46.7
东南亚	21	21.8
大洋洲	8	8.2
北美	7	7.5
欧洲	14	14.2

空气污染对城市发展和人的身心健康都有极大危害。对于城市发展而言,严重的空气污染会降低生产效率(Chang et al.,2016)、损害城市形象,导致招商引资受阻,对于以旅游业和外向型服务业为主的城市影响尤为严重,这在大城市最为明显(Mage et al.,1996)。另外,空气质量本身就是城市经济增长健康程度的"晴雨表",空气污染在一定程度上说明城市本身的产业结构不合理、环境规制不到位、用于净化环境的城市生态设施不足等问题。另外,空气污染也会影响人们的迁移(洪大用等,2016;Qin et al.,2018)。肖挺(2016)发现,排放造成的空气污染会导致人口流失,特别是经济较为发达的沿海及内陆中心城市,且随着收入的增加,环境对人们迁移决策的影响会越来越大。《新财富》2013年的调查结果显示,近七成的迁移者认为环境、医疗设施因素是导致人口迁移的重要原因(陈秋红,2015)。除了影响城市宏观发展,空气污染还是人们健康的"隐形杀手"。

据新华网报道,全球每 10 个人中就有 9 个人呼吸着被污染的空气,每年因空气污染导致疾病进而死亡的人数高达 700 万人。一方面,空气污染(尤其是 $PM_{2.5}$)会损害人的呼吸系统、心血管系统及认知功能,降低预期寿命,对中老年人的生命健康危害尤甚(Chen et al.,2013;Ebenstein et al.,2017)。另一方面,空气污染也会使人产生抑郁和焦虑,并使其做出更加冲动和冒险的行为,这些行为日后会让他们后悔(Herrnstadt et al.,2015;Heyes et al.,2016)。张欣等(Zhang et al.,2017)的研究发现,恶化的空气污染状况会对人们的主观幸福感产生显著的负影响。

(2)建设用地扩张迅速,城市绿地遭侵蚀

快速城市化正在极大地改变世界范围内的城市土地利用格局(宁越敏,2012)。2000—2010 年,全球新增建设用地 $5.74 \times 10^4 \ km^2$,其中 28.17% 由中国贡献,居世界首位;而全部新增建设用地中的 40.28% 转换自城市绿地(包括草地、林地和灌丛地)(陈军等,2015)。以“一带一路”沿线国家为例,2000—2015 年城市内部绿色空间面积整体增加 6.88%,但是以中国为主体的东亚地区却降低了 13.93%(Pan et al.,2019)。中国的城市化率在 2011 年突破 50% 之后,又于 2019 年超过 60%,人口大量涌入城市,绿地、水体等生态用地被置换为建设用地,城市绿地的生态功能被极大削弱。

城市绿地对城市局部环境和居民身心健康有显著的影响。一方面,城市绿地提供丰富且必需的生态服务,主要包括调节局地热环境(Zhou et al.,2011)、降低空气污染(Nowak et al.,2006)、减少噪声(Pathak et al.,2011)以及节约能源等。以绿地为主体的城市开敞空间可以作为城市风道的组成部分,对城市气流循环、降低大气污染、减轻热岛效应有重要作用(Susca et al.,2011)。芬德尔等(Findell et al.,2017)甚至发现,绿地可以通过影响地表水分和局部温度来减少极端天气的出现。另一方面,城市绿地还提供了娱乐休憩、健身锻炼的休闲空间,对于改善居民健康、拓展良好的社会关系具有促进作用(Maas et al.,2006;Sugiyama et al.,2008)。吴健勇(Wu et al.,2018)在对美国北卡罗来纳州中部的威克(Wake)县研究后发现,绿地可以降低居民由于建筑和密度增加所导致的焦虑和心理压力,从而降低其猝死的风险。因此,在城市化过程中,绿地的减少和缺失不仅会影响城市生态平衡,而且会有损居民的身心健康和降低幸福感。

(3)城市洪涝灾害频发、热环境恶化,威胁城市生态安全

人口不断涌入城市导致不透水面和人为热源的增加。从城市内部来看,不透水面的增加意味着绿地、水面等可渗透地面的减少,集中连片的高密度建成区是城市洪涝灾害的最主要原因;从区域尺度来看,人为热源在城市的集中会导致城市温度的升高和郊区温度的降低,进而加剧热岛效应。

城市洪涝灾害大多发生在绿色基础设施较差的城市,或者建设用地规模较大的大城市,近年来发生频率不断上升。图 1-2 显示,2003—2017

年,中国地级城市洪涝灾害发生频率呈现逐年递增的态势,2015年城市洪涝发生的比例达到0.76,这意味着,约76%的中国地级城市在2015年至少发生一次城市洪涝灾害(张春桦等,2020)。从空间分布来看,中国的城市洪涝灾害呈现南重北轻、东中部严重、西部轻的格局(柳杨等,2018)。城市洪涝灾害的分布与中国城市都市圈的分布高度重合,这从侧面印证了城市化与洪涝灾害的正相关关系:快速城市化导致城市下垫面普遍硬化,加之缺少绿色空间的渗透从而引发严重的城市洪涝。

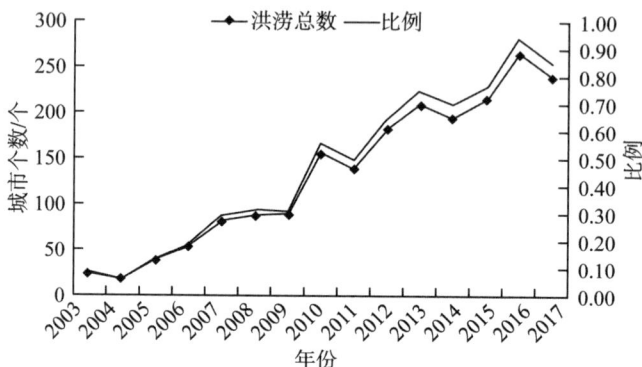

图 1-2　2003—2017年中国地级城市洪涝灾害发生频次

　　人口和工业活动的集聚导致城市温度上升,由此引发的生态问题就是热岛效应。根据美国国家环境保护局的定义,热岛是指比附近农村地区更热的建筑区域。拥有100万人及以上人口的城市全年平均气温可能比周围地区高1—3℃,到了晚上,温差可能达到12℃(Environmental Protection Agency,2008)。哥伦比亚大学国际地球科学信息网络中心制作的2013年全球城市热岛数据集显示,热岛效应在全球分布极广,城市密集区域拥有更强的热岛效应(Center for International Earth Science,2016)。美国的中部和东部、欧洲、印度、中国的东部,以及日本都具有较强的热岛强度(温度差),主要是因为这些地区城市数量众多,是全球人口的重要集聚区。

　　城市热岛会增加能源消耗,使大气污染物和温室气体排放量升高,人体健康和舒适度受损,还会影响水质(Environmental Protection Agency,2008)。不断升高的城市热环境增加了总体电力需求及高峰用电需求。劳伦斯伯克利国家实验室研究发现,城市温度每升高0.6℃,用于制冷的电力需求将增加1.5%—2.0%(Akbari,2005),这表明城市将消耗更多的电力能源来补偿热岛效应。而供电公司通常依靠化石燃料发电厂来满足需求,进而导致了空气污染物和温室气体的排放,包括二氧化硫、氮氧化物、颗粒物、一氧化碳和汞等,这是一个不断加强的恶循环过程。另外,热岛效应还会加剧热浪的形成,对于敏感人群(如儿童和老人)的健康有很大的负面影响。美国疾病控制与预防中心测算,从1979年至2003年,过度的热暴露导致美国 8 000 多人过早死亡,该数字超过了飓风、闪电、龙卷风、洪水和地震造成的死亡总数(Center for Disease Control and Prevention, 2006)。另外,硬化路面会加热地面径流,从而导致最终汇入的河流、湖泊温度升高,这会影响许多水生生物的代谢和繁殖,进而加剧水质恶化(James,2002)。

除了以上的城市空气污染、绿地锐减、城市洪涝灾害和热岛效应之外,人口在城市的高密度集聚也带来了生活和工业水污染、交通噪声污染、土壤重金属污染等严重后果(曾刚等,2020)。面对如此严峻的城市生态问题,除了新能源、技术创新和环境规制之外,城市空间规划被认为是一种非常有前景的解决方案(Marshall,2008)。

2)多中心规划被作为城市生态问题的解决方案之一,但效果不明朗

通过将主城的人口和就业疏散到周边的副中心或中小城市,以改善主城的生态环境和交通拥堵问题,世界各国进行了轰轰烈烈的造城运动(冯奎等,2015;宁越敏,2017),而多中心的城市规划是实践中最多的选择。由于社会背景与政策实施的差异,这些多中心规划有的实现了目标,而有些效果却不尽如人意(陆铭,2019a)。

(1)英国伦敦:去中心化后再次回归市中心

二战过后,英国满目疮痍。作为英国的首都,伦敦中心城区的人口超过 800 万人,高密度的人口集聚,加之破败的基础设施造成了严重的交通拥堵、城市环境恶劣、空气污染严重、医疗等卫生资源紧缺,这一系列"城市病"逼迫当时的城市管理者和规划者做出改变。

1937 年,英国成立巴罗皇家委员会(The Barlow Royal Commission)。1942 年,该委员会提出要限制城市蔓延,并在 1944 年主持制定了《大伦敦计划》(Greater London Plan)。该计划将与伦敦联系紧密的 134 个郡属市等都涵盖进来,规划面积达 6 735 km²,涉及人口 1 250 万人。

"大伦敦计划"在伦敦主城区以外约 45 km 范围内,由内向外依次设置了四个圈层,分别是城市内环、郊区圈、环形绿化带和乡村环,其中环形绿化带主要是为了确定城市边界和限制城市蔓延。1946 年,《新城法》在环形绿化带以外、主城区 30—60 km 范围内,新建了哈罗(Harlow)和克劳利(Crawley)等八个独立的新城,以承接从主城区分离出来的人口和产业。

后来的实践发现,由于这八个卫星城处于伦敦的通勤范围内,其中的人口每日往返于卫星城和主城区,最后沦为"睡城",而潮汐式的频繁通勤加重了主城区的交通压力,交通排放量也随之增加。虽然半个世纪以来,伦敦的主城区人口显著下降,但是《大伦敦计划》实际上是失败的。2004 年,大伦敦政府发布了《大伦敦空间发展战略》,明确了主城区空间发展的优先权,鼓励核心区域加密竖向紧凑发展(姜允芳等,2015)。伦敦从单一的核心区域发展转向多中心结构,在历经半个世纪后,又重新回归单中心紧凑模式。

(2)韩国首尔:去中心化引领城市区域发展

20 世纪 50 年代后,韩国首都首尔急速发展,人口从 1960 年的 244.5

万人猛增到 1992 年的 1 061.2 万人,首尔以全国 0.6% 的国土面积承载了全国 20% 的人口、17.6% 的汽车、22% 的经济总量和 40% 的公共机构。人口和资源的高度集中化导致的后果也是显而易见的,如城市无序蔓延、住房数量严重不足、交通拥堵、水污染严重、绿地和耕地遭破坏,城市生态环境问题成为首尔政府甚至是韩国政府亟待解决的难题。

为此,首尔从 20 世纪 60 年代开始实施城市疏解策略,其中最主要的就是工业企业向外疏解(industrial function dispersal)(金秀显,2008)。疏解策略的前提是防止首尔城市的无序蔓延,为此在距离市中心 15 km 处设置了宽约 10 km、总面积为 1 556.8 km² 的绿带边界,并在绿带之外进行新城开发,1989—1995 年规划并建设了 5 座新城,在 50 km² 的面积上容纳了 126 万人(杨小鹏,2008)。最关键的措施是疏解工业职能,在新城建设工业设施,以工业转移的方式促进工业新城建设。1971 年颁布的《污染防治法》授权首尔市长有权责令污染企业搬离首尔,至 1979 年首尔外迁企业高达 1 813 家。作为工业外迁的配合措施,首尔将部分国家行政机关迁至首尔外的京畿道。截至 20 世纪 70 年代,首尔一共外迁 7 个主要国家行政机构,公务人员 5 500 余人。此外,韩国还实施了"新村促进运动"来发展农村地区,以减少农村向城市的移民。20 世纪 80—90 年代,为巩固区域均衡发展战略及限制大城市过度增长,工业外迁政策得到进一步加强。《环境保护法》强制将污染企业迁出首尔,至 1992 年已迁出 2 058 家。20 世纪 90 年代以来,除了政府机关,工厂、学校、医疗机构依然在继续执行外迁计划。

以工业企业为主体的外迁计划(配合新城建设),有效缓解了人口向首尔中心城区的快速集聚;并且控制了机动车数量,交通问题得到有效改善,城市内部也有更多空间留给绿地和公园,首尔城市生态环境品质显著提升。

(3)中国郑州:新城建设焕发城市新生

在世纪之交的中国,"中部塌陷"成为区域发展格局中的突出问题。为了应对这种不平衡局面,"中部崛起"战略被提上日程。郑州,作为河南省的省会城市,迎来了跨越式发展的契机。

1954 年,郑州成为河南省省会,政府、工业企业、学校、外来人口大量涌入。但是郑州的主城区规模偏小,人口和产业高度集中,且陇海、京广铁路交叉分割,城市发展只能通过"摊大饼"的方式不断向外扩展。蔓延带来了一系列的环境恶果:交通条件恶化,排水排污系统差,居住环境脏乱,城市开敞空间不足。郑州虽然被定位为"商贸城市",但是老城区批发市场布局分散,规模小,辐射能力和吸引能力不强,没有形成统一的市场体系,让郑州看起来像一个大型低端批发市场,与郑州自身定位的"绿城"和"金融中心"相距甚远。

为了解决过度集中造成的"城市病",将城市结构从单中心向多中心组团转变已势在必行。因此,2001 年在郑州老城区的东边规划建设了面积为 370 km² 的郑东新区,新区内部各个功能区既相互独立又互为支撑,依靠河湖巧妙相连,既构建了完整的城市水系,又避免了城市蔓延。

郑东新区的建设打破了郑州原有的城市发展框架,分担并引流了大量的城市人口,减轻了老城区的负担。在郑东新区内部,又嵌套了一个多中心结构,主要包括中央商务区、龙湖区、龙子湖高校园区等。截至 2018 年,郑东新区建成区面积超过 150 km²,固定资产投资达到 5 000 亿元,常住人口有 150 万人,绿化面积为 50 km²,核心区绿化覆盖率为 50%,被习近平总书记誉为"新城区建设的点睛之笔"。

郑东新区开发的意义不仅仅在于增加了一个城市增长极,迅速拉升了城市的人口规模和国内生产总值(Gross Domestic Product,GDP)的总量,其潜在的外部经济在于分担了拥挤的老城区的人口压力,减轻了老城区的交通拥堵和水污染,腾出了更多的土地用于绿地开发和休闲空间建设。在多中心的城市格局中,各个组团既相互独立又彼此连接,在保持集聚经济的基础上,形成绿色、宜居、健康的城市环境。

除了上述几个城市的多中心建设,世界其他地区也进行了多中心尝试。例如,位于荷兰西部的兰斯塔德地区的绿带(greenbelt)和绿心(greenheart)。作为国家景区(national landscapes),由绿地、公园、农田等组成的绿心和深入城市的楔形绿带,既隔绝了城市蔓延,又拉近了人与自然的距离(Kühn,2003)。兰斯塔德地区 70 多个大中小城市共同组成了绿色多中心结构(图 1-3)。

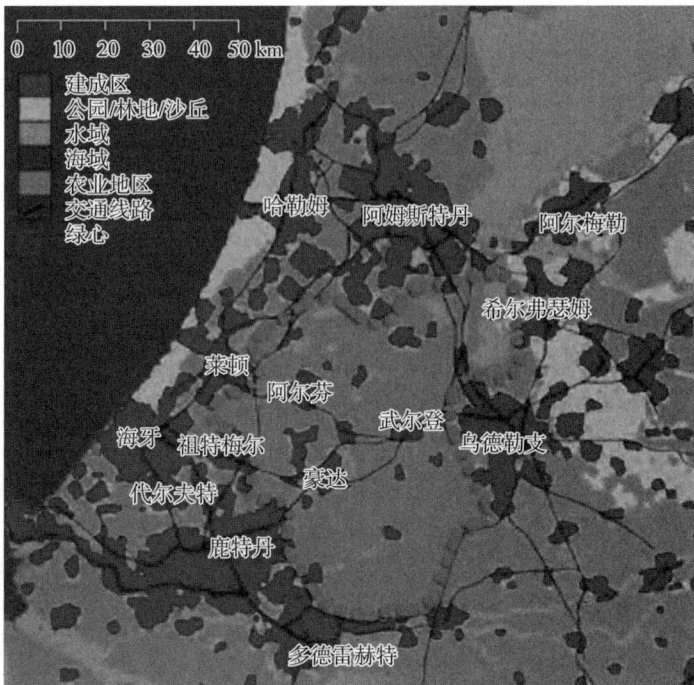

图 1-3　兰斯塔德地区绿心空间示意图

中国的城市,特别是大城市和超大城市正在规划多中心结构以应对日益严重的城市生态环境问题。为了缓解北京日益严重的交通拥堵、空气质量下降和资源短缺状况,中央政府于 2017 年在距离北京市南约 130 km 处建设雄安新区,以承接北京的工业企业、学校、医院等非首都职能,希望通过去中心化的疏解措施减轻北京的人口和资源压力(陈玉等,2017),进而提升北京的城市生态品质。为了疏解上海市主城区的人口,减轻市中心的交通和环境压力(孙斌栋等,2014),《上海市城市总体规划(2017—2035年)》倡导构建开放紧凑的市域空间格局,形成"网络化、多中心、组团式、集约型"的总体空间结构,以此将压力分摊到市域整体,在集聚中实现发展的空间平衡与环境的和谐。

综合以上现实背景,并随着人口向城市不断涌入,空气污染、绿地侵蚀、热岛效应等生态问题越来越突出,导致城市居民福祉下降。面对集聚不经济造成的城市生态问题,强调去中心化的多中心城市发展战略被中国许多城市所采纳(郭荣朝等,2004)。但是,从世界范围的多中心城市规划实践来看,多中心是否能够提高生态绩效并不确定,这可能是由于城市社会经济背景的差异、城市面积规模的差异或政策的差异等,因而需要理论的指导和实证的检验。另外,中国城市推广多中心战略大多基于经济增长的考虑,较少关注其对生态环境的影响,而生态环境又是一切城市发展的基础,因此,需要从学术的角度进行实证检验,为中国城市的多中心实践提供政策建议。

多中心空间战略作为城市空间治理的规划思路被寄予厚望,但是在实践过程中,实施效果差异巨大。对于以上差异化的实践效果,现有的学术研究并未形成统一的认知,也无法解释现实的质疑。

1.1.2 学术背景

1) 以往的研究都是"头痛医头、脚痛医脚",缺乏一个对城市生态环境整体研究的框架

作为城市研究的热点,空间结构(或城市形态)的生态绩效吸引了很多学者的注意力,但是,大多数研究都是基于城市生态的某一方面进行的。比如,紧凑而非蔓延的城市形态通常被认为有利于提高可达性,降低机动车使用,进而降低交通排放量对于空气质量的影响。而以高密度为主要特征的紧凑城市会将绿地"挤出"主城区,并且由于高密度带来的交通拥堵,绿地的可达性会进一步降低(Byrne et al.,2010)。对于热环境而言,人口和工业生产的集中会造成热源的集中,而蔓延则会导致整个区域温度的上升(Yang et al.,2016)。如上所述,城市生态的各个方面都有学术研究关注,但是缺乏一个整体的研究框架将所有的城市生态要素统筹考虑,即是否存在一个最优的城市空间结构,能够提高城市各项生态要素绩效呢?以往的学术研究无法回答这个问题。

统筹考虑城市生态环境要素是进行宜居城市规划的必然选择。城市

生态各个要素之间互相联系、互相依赖,只关注某个要素优化的规划方案并不会提升整体绩效。例如,多数研究认为紧凑、高密度的城市形态与较低的空气污染水平相关,但是紧凑的城市规划可能会造成热岛效应的加剧,甚至有可能因为高密度而"挤出"绿色空间。因此,一种空间结构类型是否有利于城市生态整体绩效的提升,这需要在一个整体的研究框架内进行统筹考虑。

2)已有成果极少实证检验空间结构作用于城市生态的路径

以空气污染研究为例,多数研究理论认为,高密度、紧凑的建成环境有利于提高邻近性,从而增加步行的可能性,降低机动车排放量;而蔓延的城市形态严重依靠机动车出行,从而增加了机动车排放量。除了极少数研究将交通要素作为影响机制进行实证检验(Sun et al.,2020a;Lee et al.,2014),其他的大多数研究都是基于理论判断和前人文献(Wang et al.,2018),缺少实证做支撑。

除了交通要素多被作为影响机制进行理论分析之外,工业企业的分布也是空间结构影响城市生态的重要路径。例如,工业向人口副中心的转移缩短了通勤距离,从而降低了交通排放量(Gordon et al.,1997)。而相反的观点则认为,工业企业如果聚集在一起,彼此之间可以近距离地分享经验和技术,环保的技术成本会更低,从而降低污染物排放量(Krugman,1991)。遗憾的是,工业企业作为机制传导的分析也仅仅停留在理论层面,缺少实证的支撑,而实证是结论可靠性的重要基石,更是结论能够指导城市规划实践的前提保障。

3)对空间结构的尺度依赖性缺乏明确的辨析

张维阳等(Zhang et al.,2019)研究发现空间结构的测度,特别是单中心和多中心测度对地理空间尺度非常敏感。李迎成等(Li et al.,2018d)在对长三角研究的基础上认为,随着研究区域的扩大和城市数量的增多,多中心程度可能会随之改变。这是因为研究区域的增大会使更多中小城市进入样本中,从而影响城市之间的"平衡"。另外,在中国的行政规划背景下,当空间尺度从地级市辖区扩展到市域,原本高集中度的单中心市辖区可能会因为县和县级市的加入转型为多中心。

在以往文献中,城市空间结构的生态绩效在多个空间尺度上被研究,包括国家尺度(Yang et al.,2018)、大区域尺度(Veneri et al.,2012)、大都市区或市域尺度(Lee,2019;Sun et al.,2020b)、城市尺度和城市内部尺度(刘修岩等,2016;Han et al.,2019)等,但是很少有进行尺度间的对比研究。空间尺度间的对比研究,不仅能够比较不同研究间的差异性和科学性,而且能够为不同的空间地域选择最适合的规划策略。

1.1.3 研究问题

从现实背景来看,目前全球城市,特别是中国城市面临着严峻的生态环境问题,主要表现在空气污染严重、绿色空间被建设用地侵占、城市热岛状况恶化等。为此,世界各国城市采用多中心的规划策略尝试改善城市生态状况,但是实施效果并不明朗,多中心结构能否提升城市整体的生态绩效,城市实践无法给出明确答案。从学术背景来看,以往文献多基于某一种生态问题,缺乏一个涵盖多种主要城市生态问题的研究框架,且对于空间结构作用于城市生态的路径及空间结构的空间依赖性缺少关注。有鉴于此,本书以中国城市为研究样本,在市辖区和市域尺度上探究空间结构对于城市生态状况的影响,并以工业企业空间分布为作用机制,探索空间结构影响城市生态的路径,主要关注以下四个方面:

第一,哪一种空间结构有利于提高城市空气质量? 如何提高的? 是否存在尺度差异?

第二,哪一种空间结构有利于提高城市绿色空间? 如何提高的? 是否存在尺度差异?

第三,哪一种空间结构有利于降低城市热岛强度? 如何降低的? 是否存在尺度差异?

第四,是否存在一种空间结构使得城市整体生态绩效达到最优?

1.2 研究思路与框架

本书以城市空间结构的生态绩效分析为核心命题,从城市空气污染、城市绿色空间和城市热岛效应三个方面分解城市生态,从市辖区和市域两个城市空间尺度解构空间结构,探索如何通过空间结构的优化调整来实现城市空气质量的提升、城市绿色空间的改善和城市热岛效应的降低。具体而言,本书的思路可以从如下两个方面阐述:

第一,城市生态绩效评价的内容。

第二,空间结构与城市生态研究的概念框架。

1.2.1 研究思路一:城市生态绩效评价的内容

在杨小波等编著的《城市生态学》一书中,城市的生态环境被细分为城市地质、城市大气环境、城市气候环境、城市水环境、城市噪声环境、城市土壤环境、城市植被环境、城市动物、城市灾害(地质、火灾、洪涝)、其他。城市生态系统与自然生态系统差异巨大,正如阿尔伯蒂(Alberti,2008)在《城市生态学进展:在城市生态系统中整合人类和生态过程》一书中所说,"从生态角度看,城市生态与自然生态在气候、土壤、水文、物种组成、种群动态和能量物质方面有所不同。城市生态系统是人类创造出来的独特生态模式、过程、干扰和影响"。从中可以看出,虽然城市生态系统也包含生态系统中的气候、土壤、水文等要素,但是更加突出人类对生态环境的改造和影响,关注人类活动对气候的影响、对地表景观的改造等。

而什么样的城市生态在实践中会受到规划决策者的重视？哪些城市生态要素会成为学术研究的重点？实践经验和学术文献也许能够提供更多的思路。

1）城市生态及生态绩效的内涵

城市的快速发展使自然生态环境转变为一个人类社会与地理环境的耦合系统,系统内部的能量流、物质流发生变化,由自然主导演变为人与自然互相影响(Gunawardhana et al.，2011),气候调节、土壤形成、生物多样性维持、水源涵养、废物处理等生态服务系统发生改变,进而产生大气污染、绿色植被遭侵蚀、城市热岛效应、雨洪灾害等城市生态问题(刘珍环等,2011)。

城市生态的内涵丰富繁杂,城市中的水文、土壤、植被、生物和气候等要素都是城市生态的重要构成组件,这些要素在城市中主要发挥气候调节、气体调节、水调节、废物净化、授粉、土壤保持、养分循环、缓和突发事件、初级生产九项具体功能(李广东等,2016)。

与普通的生态环境相比,城市生态具有三点显著的特征:第一,城市生态是自然、人工和半人工要素的混合集合。人类建设导致原始生态被改变,代之以不透水面、人工绿地、水库等设施,人与自然的互动互存是城市生态的主要特征。第二,城市生态既是维持城市自然环境系统正常运行的基础,又是保障居民身心健康的绿色基础设施,起到了调节和润滑的双重职能。第三,城市生态并不是独立运行的,而是与生产、生活紧密相关,融合发展(王甫园等,2017)。

生态绩效(ecological performance)是指生态要素对所施加的行为做出的表现和反映。例如,加斯顿等(Gaston et al.,2008)研究的目标就是分析全球范围内保护区(protected areas)的设立对于生物多样性的影响,研究发现如果生物多样性提高,那么保护区设计的生态绩效也会相应提高。胡振通等(2016)研究了草原生态保护补助奖励机制这一措施对于草原生态的影响,生态绩效分析的结果显示,草原生态整体水平有所提升,政策满意度上升。由此可以看出,当一项城市措施、政策、管理实施后,城市生态要素的状态水平提升,即认为对应的城市生态绩效提升;相反,如果城市生态要素的状态随着城市管理措施的实施而下降,则认为对应的城市生态绩效下降。

2）城市生态的内容

城市生态的内涵丰富、要素众多,将所有城市生态要素都纳入研究范围内,既不现实也不可行,因此,选取关键和典型的城市生态要素进行重点研究,以此推广到城市生态整体,是现实及可行的做法。接下来,将从实践角度和学术角度探索城市生态的重点和典型要素。

（1）实践角度:来自报告中的热点城市生态要素

2019年联合国环境规划署(United Nations Environment Programme, 2019)发布的《全球环境展望6:地球健康、人类健康》中的第22章显示,面对越来越脆弱的生态基础状况,需要采取的关键行动包括:减少土地退化、生物多样性丧失、空气、土地和水污染,以及减缓和适应气候变化。土地退化和生物多样性更多地存在于自然生态中,而城市生态面对的问题主要存在于空气、土地、气候等方面。

中国作为世界人口大国,城市生态环境状况也有很大的提升空间。为了探查中国城市生态的主要症结,本书选取了《2018 年上海市生态环境状况公报》《2018 年西安市环境状况公报》《2018 年成都市环境质量公报》《2018 年郑州市环境质量状况公报》《2018 年合肥市环境状况公报》《2018 年大连市生态环境状况公报》《2018 年贵阳市环境状况公报》《2018 年洛阳市生态环境状况公报》《2018 年襄阳市环境状况公报》《2018 年株洲市环境状况公报》《2018 年三亚市环境状况公报》等的全文,通过分析关键词出现的频率,判断中国城市生态的热点所在。需要说明的是,这里没有选择更容易获取的历年中国生态环境状况公报的原因在于:首先,中国生态环境状况公报统计的对象并非全部是城市地区,包含了许多的自治州、地区等。其次,历年的中国生态环境状况公报都有相对统一的写作格式,这样并不能表现出年份间、城市间生态环境要素的变化。而选取以上 11 个城市的状况公报原因在于:首先,这些城市基本覆盖了中国的东、中、西、东北地区和南方、北方,具有全国代表性。其次,如果生态问题在这些大中城市较为突出,那么在环境规制相对较差、城市治理水平相对较低的中小城市会更加突出。城市生态问题词频统计如表 1-2 所示。

表 1-2 2018 年中国 11 个城市生态环境状况报告词频统计(前 9 位)

序号	字词	出现次数/次	出现频率
1	环境	384	1.189 3
2	污染	234	0.724 7
3	空气	119	0.368 6
4	浓度	99	0.306 6
5	水质	96	0.297 3
6	土壤	71	0.219 9
7	工业	43	0.133 2
8	绿色	39	0.120 8
9	噪声	34	0.105 3

注:在呈现结果时,排除了标点符号、助词、数量词、地点词及无意义词等的干扰。

从表 1-2 可以看出,2018 年中国城市生态环境的热点要素主要在空气、水质、土壤和噪声方面。如果将相关词语结合起来看,空气污染("空气"+"浓度")、绿地("土壤"+"绿色")、水质和噪声污染是中国城市主要关注的生态问题。

（2）学术角度：来自文献中的城市生态热点要素

借助文献可视化分析工具 CiteSpace 对目标文献进行关键词和结构关系分析，可以发现海量文献中的研究热点（Chen，2006，2017），在人文地理的多个研究领域备受关注和应用（Leydesdorff et al.，2010；李琬等，2014）。通过中文和英文文献的关键词分析来识别城市空间结构和城市生态领域的研究热点。

英文文献分析。在科学网（Web of Science），数据库（核心合集）中，以 2000—2019 年为时间范围，分别选取与"空间结构""城市生态"相关的关键词，组成联合主题词（附录 1），通过创建引文报告，共得到施引文献 116 500 篇，经过去重，保留文献 116 109 篇，包括 110 572 篇论文（article）和 5 537 篇综述（review）。通过关键词探查研究热点的方法，样本文献的聚类关系如图 1-4 所示。

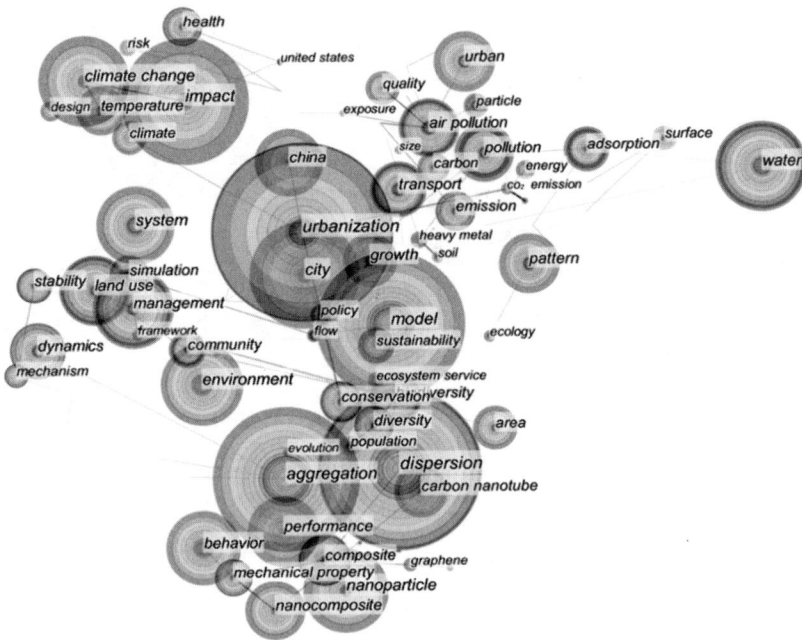

图 1-4　英文参考文献共被引聚类分析

在图 1-4 中，最大聚类的是关于城市化（urbanization）、分散（dispersion）、模型（model）、集聚（aggregation）和影响（impact）的研究，这些关键词也是城市结构和城市生态研究领域的核心内容。除此之外，图 1-4 还较为明显地显示出了三个聚类群，这些聚类群中拥有大量主题相似的聚类文献。第一类，关于空气污染（air pollution）的聚类群，主要包括城市（urban）、交通（transport）、排放（emission）、质量（quality）和颗粒（particle）等研究主题；第二类，关于气候变化（climate change）的聚类群，主要包括影响（impact）、温度（temperature）、健康（health）、风险（risk）等研究主题;第三类,关于土地利用(land use)的聚类群,主要包括管理(management)、系统(system)、动态(dynamics)等研究主题。这三大聚类群基本包括了大多数的城市生态研究主题,从大气污染治理、气候变化到土地利用,都是当今全球城市生态领域研究的重点和热点。

中文文献分析。在中国知网期刊数据库[中文社会科学引文索引(Chinese Social Sciences Citation Index,CSSCI)、中国科学引文数据库(Chinese Science Citation Database,CSCD)、科学引文索引(Science Citation Index,SCI)来源期刊、工程索引(Engineering Index,EI)来源期刊、核心期刊]中,以2000—2019年为时间范围,分别选取与"空间结构"和"城市生态"相关的关键词,组成联合主题词(附录1),共查询到7 539篇文献。通过关键词探查研究热点的方法,样本文献的聚类关系如图1-5所示。

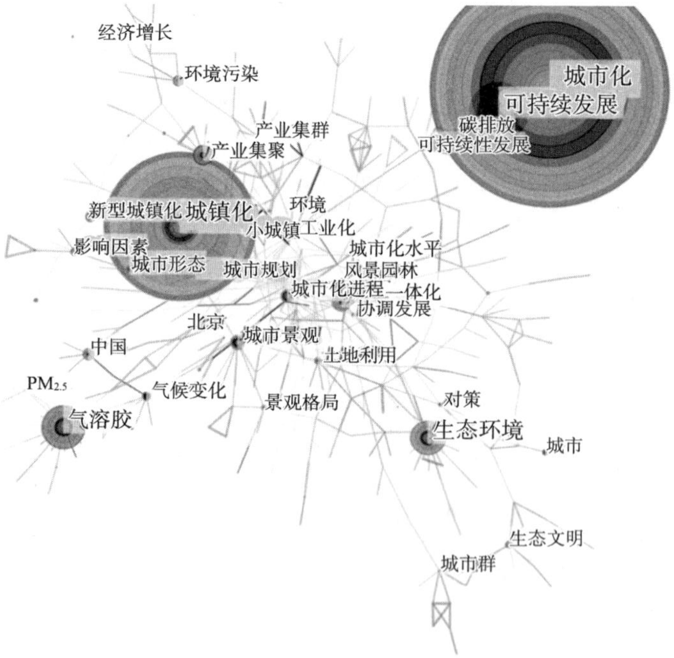

图1-5　中文参考文献共被引聚类分析

从图1-5可以看出,最大聚类是关于城镇化和城市化的综合研究,其他的聚类大多较为分散,并没有形成明显的聚类群。从聚类程度来看,城市生态要素的具体研究主要集中在以气溶胶、$PM_{2.5}$为主要组成部分的空气污染主题,以及以城市景观、景观格局和土地利用为主要组成部分的地表覆盖变化的主题研究。

从实践角度来看,空气污染、绿地、水质和噪声污染是当前中国城市面临的主要生态难题;从学术研究角度来看,空气污染、土地利用(或地表覆盖变化)和气候变化(城市热环境)是全球,特别是中国城市生态学研究的热点。更为重要的是,空气污染、绿色空间和热岛效应分别反映了"污染""绿色""灾害"这三个城市生态环境的主要方面。空气污染代表了城市"污染"类型的典型,绿色空间是"绿色"城市建设的主要内容。对于城市而言,生态风险与灾害主要包括雨洪灾害、热灾害、水体富营养化、生物物种锐减等(孙家驹,2003),在这些城市灾害中,水体富营养化和生物物种锐减主要是由于人类排污活动和建设用地激增导致的,并不与城市空间结构存在直接或逻辑上的相关性。雨洪灾害除了与地球纬度和临海的区位相关外,主要与城市微观尺度的不透水面、绿地、河流湖泊、坡度等土地利用方式相关(吴志峰等,2016),与城市整体的空间结构联系较少;热灾害主要是指城市热岛效应,由城市与郊区的温度差造成,与城市的人口空间分布、工业企业的集中和分散有直接的关系。因此,热岛效应适宜作为城市"灾害"的典型生态要素进行研究。另外,台风、地震、泥石流、海啸等灾害人类参与极少,是由自然界发生发展而来的灾害,与城市空间结构无法产生联系,因此并不在讨论之列。

本书将从城市空气污染、绿色空间建设和城市热岛效应三个方面切入,研究中国城市生态的优化策略,其优势在于以下三个方面:

①覆盖全面:城市空气污染、绿色空间建设和城市热岛效应涵盖了中国城市的绝大多数生态问题。正如前文所说,由于城市化和工业化的快速推进,人口集中带来了各种各样的负外部性,这些负外部性大都集中在污染物过度排放(大气、水、土壤等)、土地植被遭破坏(土地转化为不透水面)和市中心温度升高(人口的集中带来热源的集中)方面,因此,对空气污染、绿色空间和热岛效应的研究可以看作对整体城市生态问题研究的缩影。

②重点突出:城市空气污染、绿色空间建设和城市热岛效应抓住了当前中国城市最关键的生态问题,具有典型性和代表性。自 2013 年前后,中国城市暴发大面积、严重的雾霾污染以来,城市空气污染(特别是 $PM_{2.5}$ 浓度超标)问题一直是困扰城市居民身心健康和城市可持续发展的重大生态问题。另外,城市人口激增所带来的建设用地的增多,蚕食了城市休闲用地和开敞空间。北京、上海在最新的城市规划中提出了"15 min 生活圈"的概念,其核心之一就是要保证城市内部要有足够的、分散的休闲、绿地场所。最后,城市中热源的集中导致局部温度上升,近年来多个大城市夏季频繁出现高温热浪,甚至危及老人、儿童的身心健康。这些严重的、典型的城市生态问题可以集中归纳为城市空气污染、绿色空间建设和城市热岛效应三个方面。

③以点带面:解决空气污染、提升绿色空间和缓解热岛效应能够带动并引领其他城市生态问题的解决。空气污染物主要来自交通排放和工业生产,因此,治理城市空气污染就需要交通管制、道路规划、工业监管等多方面的配合,由此产生联动的正面绩效。绿色空间的优化关系到城市土地利用规划和绿色基础设施的建设,增加城市绿色空间不仅可以改善高密

度、拥挤的建成环境,而且会明显提升城市的环境品质。治理热岛效应的关键在于优化布局居住、商业和工业设施,避免高密度的集中,在热岛效应缓解的同时,居住、商业和工业设施的空间分布也得到了优化。

总之,从城市空气污染、绿色空间建设和城市热岛效应三个方面研究城市生态问题,既能够全面涵盖城市生态,又能够掌握其重点和关键问题。同时,以"减污、增绿、防灾"为主要目标的城市空气污染、绿色空间建设和城市热岛效应问题的解决,能够联动地处理一系列相关的城市生态问题,有"事半功倍"的效果。

综上所述,本书将实践与理论相结合,以"减污、增绿、防灾"为城市生态建设的主要目标,从城市空气污染、绿色空间建设和城市热岛效应三个方面构建城市生态的内涵框架。这个研究框架既对应了学术研究的重点和热点,又能及时回应当前中国城市的生态难题,具有重要的理论和实践意义。

1.2.2 研究思路二:空间结构与城市生态研究的概念框架

空间结构与城市生态之间的关系表现出直接影响与间接影响相结合、正向影响与反向影响并存的特征(沈清基,2004;颜文涛等,2012)。一方面,城市空间结构可以直接影响风向、风速、温度等城市生态要素(Xu et al.,2019);另一方面,在许多文献中,空间结构对城市生态的影响是间接的,其中交通和工业企业分布承担了主要的传导机制(Han et al.,2020;Sun et al.,2020a)。基于城市规划实际,并结合城市空间结构与城市生态双向的影响,本书分别从"空间结构影响城市生态"和"城市生态影响空间结构"两条关系链来解析并构建系统的、全面的分析概念框架。

1)"空间结构影响城市生态"的作用关系

首先,城市空间结构对城市生态的间接影响缘起于对交通行为和工业企业的影响(图1-6),其中多数研究探究了空间结构和城市交通之间的关联,并发现两者之间存在显著的联系。例如,多中心结构在一些研究中被发现不仅能够降低出行距离和时间(Loo et al.,2010;Sun et al.,2016;Hu et al.,2018;Ha et al.,2018),而且能够降低拥堵(Li et al.,2020)和延误(Li et al.,2018c)。但是在另外一些研究中,多中心能否减少出行却引起了争议(Cervero et al.,1991,2006;Gordon et al.,1997),争议的根源在于多中心是否实现了职住平衡(jobs-housing balance)(孙斌栋等,2008,2017;Lin et al.,2013)。除了多中心结构外,紧凑的(Nam et al.,2012)、高密度的(Sun et al.,2017;Engelfriet et al.,2017)、规模大的(Sun et al.,2016)城市被认为会增加开车可能性、通勤时耗、出行需求、机动车拥有量和人均车辆行驶距离等。除了交通因素之外,空间结构也会影响工业企业的空间布局。戈登等(Gordon et al.,1997)认为随着劳动力去中心化向郊区转移,工业企业也会随之向外转移;格拉泽等(Glaeser et al.,2001)以美国城市为样本研究发现,在人口去中心化的过程中,制造业企业和服务业企业会随之向郊区迁移;孙斌栋等(Sun et al.,2020a)利用中国地级及以上城市企业区位数据研究发现,人口多中心结构会将污染密集型企业从市域的主中心转移到郊区。另一些文献显示,人口的紧凑分布形态通常具有较强的环境规制,那些污染密集型企业不得不向人口稀疏地区或郊区转移(Henderson,1996;Greenstone,2002),而地方政府由于税收的考虑也会将企业安置在外围边界地区(Helland et al.,2003)。

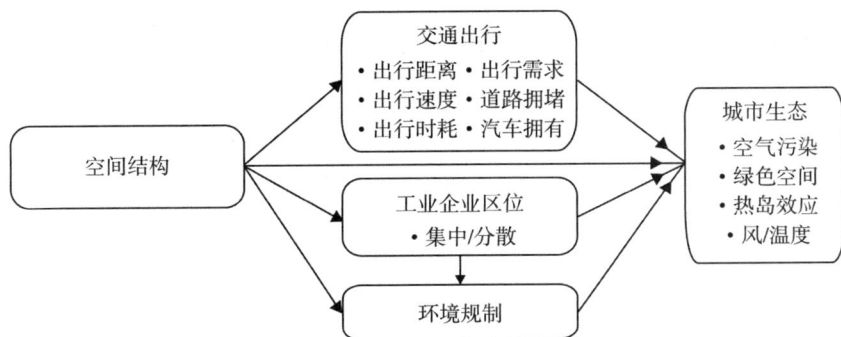

图 1-6 空间结构影响城市生态的作用关系

其次,城市空间结构将通过交通行为和工业企业布局进一步影响城市生态。从交通角度来看,较短的出行距离和时间(Mokhtarian et al.,1998)、较快的速度(Llopis-Castelló et al.,2018)、较少的出行需求(Noland et al.,2006)、不拥堵的路面(Andres Figliozzi,2011)以及非机动化的出行方式都会降低交通排放量。工业企业的布局大致分为两种,即集中分布和分散分布,两者对城市生态的影响各有优劣。一方面,集中分布的工业企业可以主动通过与近距离的企业间的技术和信息共享提高环保水平(Glaeser et al.,2010b;陈淑云等,2017),也会被动地受到集聚地区较为严厉的环境规制,从而减少对环境的影响(贺灿飞等,2013)。工业企业集聚在市中心,同时会保护周边郊区的绿色空间免受城市建设的影响。但是,工业企业集中分布会将排放的污染物集中(Huang et al.,2014),从而加大污染浓度,且人口稠密地区的绿地和开敞空间由于缺乏经济产出而被挤出;而最为明显的是,作为最大的城市人为热源,工业企业集中分布会显著加剧热岛效应的强度。另一方面,以去中心化为主要特征的工业企业分散分布,可以在更大面积上将污染物稀释,在边界地区的排放物还会因为转嫁到邻近地区而减轻本地的污染(Sun et al.,2020a)。去中心化的中心城区会有更多的土地用于绿色空间建设,从而提高人均绿地面积和绿地可达性。企业的分散会带来热源的分散,进而使中心城区温度下降,从而减轻整个城市的热岛效应。当然,企业的分散分布也会由于缺少技术交流而影响环保水平的提高,甚至分散到郊区的企业会破坏原有的生态植被环境。杨龙等（Yang et al.，2016）发现，去中心化虽然降低了热岛强度，却提高了整个区域的平均温度。

2）"城市生态影响空间结构"的作用关系

不同于"空间结构影响城市生态"的探索式理论研究，在"城市生态影响空间结构"视角下，空间结构与城市生态的作用关系主要体现在城市管理政策和规划实践中（图 1-7）。

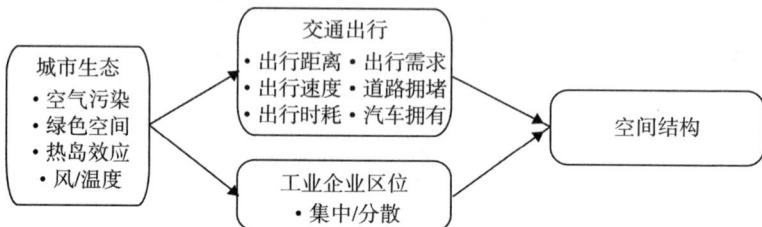

图 1-7　城市生态影响空间结构的作用关系

首先，城市生态环境状况会影响政府和个人对于交通出行和工业企业选址的决策。例如，在中国北方城市，冬季会有严重的雾霾天气，因此，很多地方政府会在集中供暖期间实行交通管控（如尾号限行、单双号禁行、公交补贴等），以促使非机动化和公交出行。同样，在空气污染严重的天气里，人们更倾向于开车出行（袁韵等，2020），以减少接触污染物；夏季高温也会促使人们选择机动化出行。城市生态同样会影响工业企业的选址，例如，中国雄安新区在一定程度上就是为了缓解北京资源短缺和环境恶化而设计的。在《河北雄安新区总体规划（2018—2035年）》中显示，有序承接北京非首都功能疏解，包括企业总部、金融机构等，促进生产要素有序流动。另外，上海、郑州等大城市的工业企业去中心化战略在一定程度上也是受生态环境状况驱动的。不仅是中国城市，首尔、巴黎、伦敦等世界城市在历史上都曾通过工业外迁来改善城市的生态环境。

其次，交通出行和工业企业选址也会深刻地影响城市空间结构。古典区位论的代表之一——杜能的孤立国理论（the isolated state）假定均质平原上只有一个城市，生产区位会在地租和运输成本之间进行权衡，因此，随着交通运输成本的降低，生产区位在理论上会越来越远离市中心。自1970 年起，以阿隆索（Alonso，1964）、米尔斯（Mills，1967）和穆斯（Muth，1969）为代表的新城市经济学理论提出的空间均衡模型认为，住房和通勤成本在空间上是恒定的，随着远离城市中心，住房成本下降而交通成本上升，由此，交通成本成为决定单中心城市结构的重要因素之一。格拉泽等（Glaeser et al.，2004）在对美国城市研究的基础上认为，对汽车的依赖在很大程度上引起了蔓延，至少汽车和低密度生活是紧密联系的。而且，多中心结构也是依靠各中心之间的紧密交通联系而组织起来的（孙斌栋等，2013），否则多中心结构就仅仅是"很多个靠近的中心"。工业化驱动城市化(许学强等,2009),工业企业的布局也深刻影响了城市的空间布局。马润潮等(Ma et al.,1993)观察20世纪80年代的珠三角地区后发现,东莞和深圳的城市化进程起源于很多无计划、自由发展的企业和工业区(Shen et al.,2002),在经过"用脚投票"的区位选择后逐渐发展成为新的城镇。这种通过快速工业化带动空间城市化的方式在亚洲其他区域也很普遍(Ginsburg et al.,1991)。

全面、综合地考虑空间结构与城市生态之间的作用关系是理清研究思路、确定研究方案的重要步骤。空间结构与城市生态之间的作用关系包含双向作用联系(图1-8)。城市空间结构会通过交通出行和工业区位选择来影响空气质量、绿地和热岛效应等城市生态环境,而城市生态环境也可能通过影响城市交通政策和企业布局来影响空间结构。交通出行行为作为传导机制已经被大量研究所重点关注,处于工业化时期的中国城市,空间结构通过工业企业区位的重新布局以实现城市生态环境质量的改善是一种符合现实实践的选择。

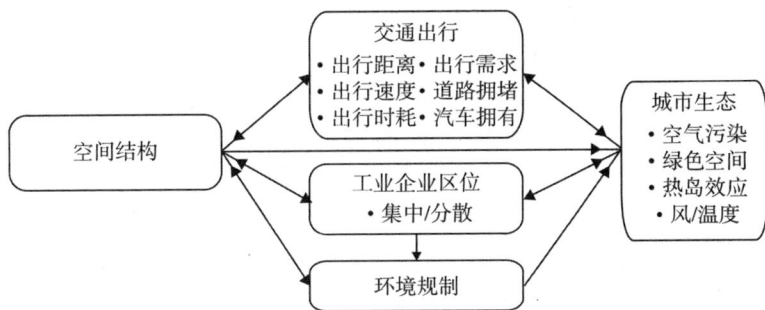

图 1-8　空间结构与城市生态的双向作用关系

综上,在本书进行城市空间结构的生态绩效研究中,选择以工业企业的空间布局作为传导机制,研究空间结构是如何通过调整工业企业的空间布局以提升城市的空气质量、绿色空间,并降低热岛强度。

1.2.3　研究框架

通过理顺上述两条思路,已基本确定了本书的主要研究内容与研究框架(图1-9)。

(1)绪论。首先,描述了全球及中国城市目前面临的主要生态问题,以及很多城市尝试通过多中心的城市规划进行尝试和解决;其次,阐述了本书的两条主要思路,即解构城市生态问题的主要组成部分,并解析空间结构与城市生态的互相作用关系;最后,从研究框架、作用机制及尺度差异三个方面提炼了研究的创新之处。

(2)文献评述与理论框架。此章节主要分为两个部分:首先,从演变动力和演变形式两个方面分别回顾城市内部空间结构和城市区域

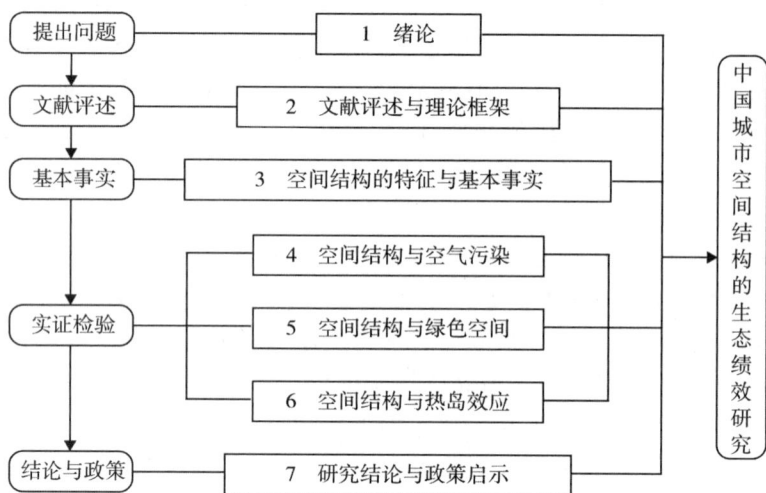

图 1-9 本书框架结构

空间结构的相关理论,以此来探析空间结构在不同空间尺度上的理论差异,并从理论上提供工业企业区位选择作为传导机制的依据;其次,从实证视角回顾了空间结构对空气污染、绿色空间和热岛效应影响的实证研究,并总结了可能进一步提高的地方;最后,概括了本书的理论框架和研究假说。

（3）空间结构的特征与基本事实。本章主要分为五个部分。首先从认知视角介绍了城市空间结构的定义、类型、形态和功能分类,以及在城市和城市区域尺度上的空间结构测度和方法适用性,并以 2000 年和 2016 年为例,图示了空间结构的空间分布特征、地区差异、阶段特征等。最后,描述了市辖区和市域尺度空间结构的现状与演化。

（4）空间结构与空气污染。本章拟解决的问题是空间结构如何影响城市的空气质量? 这种影响是否存在尺度差异,是否以工业企业空间分布为传导机制? 首先,从实证视角回顾了以往的相关文献,并总结了不足之处;其次,以 $PM_{2.5}$ 排放量为空气污染的代表,利用空间杜宾模型研究了空间结构对 $PM_{2.5}$ 排放量的影响,发现在市域尺度多中心有利于降低 $PM_{2.5}$ 排放量,而在市辖区尺度,单中心结构更加有效,这些影响均可通过对工业企业空间布局的调整实现。

（5）空间结构与绿色空间。本章拟解决的问题是空间结构如何影响城市的绿色空间? 这种影响是否存在尺度差异,是否以工业企业空间分布为传导机制? 首先,介绍了绿色空间的数据来源、时空演变及与空间结构的简单相关关系;其次,以绿色空间的数量和空间分布为被解释变量,利用面板回归模型研究了空间结构对其的影响,结果显示,无论是在市辖区还是在市域尺度上,多中心结构既有利于增加城市绿色空间的面积,又有利于将更多的绿色空间带进城市中心地区,并且这些作用都可以通过工业企业的去中心实现。

（6）空间结构与热岛效应。本章拟解决的问题是空间结构如何影响城市的热岛强度？这种影响是否存在尺度差异，是否以工业企业空间分布为传导机制？首先，介绍了城市温度的数据来源、时空演变及与空间结构的简单相关关系；其次，以中心地区与郊区的温度差作为热岛强度，研究发现，无论是在市辖区还是在市域尺度上，多中心结构都有利于降低热岛强度，并且这些作用都可以通过工业企业的去中心实现。

（7）研究结论与政策启示。本章首先对前文分析城市空气质量、绿色空间建设和城市热岛效应的实证结果进行综合分析，得到在市域尺度，多中心结构的整体生态绩效更好，而在市辖区尺度，多中心有利于提升绿色空间，且降低热岛效应；而单中心结构有利于降低 $PM_{2.5}$ 的排放量。最后根据本书的结论归纳并提炼了政策建议和对未来研究的展望。

1.3 可能的创新与贡献

本书在回顾全球城市生态环境问题和多中心结构城市规划实践的基础上，梳理了以往理论和实证研究文献，并从市辖区和市域两个空间尺度分别描述了空间结构和城市生态要素的时空演变过程，从城市空气质量、绿色空间建设、城市热岛效应三个方面研究了中国城市结构的生态绩效，以及工业企业的空间分布作为影响机制的作用，最终得出了一个城市生态综合框架下空间结构绩效的最优解。本书可能的创新与贡献之处包含以下三点：

第一，在研究框架上，本书为空间结构的生态绩效构建了统一的、完整的内涵框架。不同于以往的空间结构生态绩效研究只片面基于某一类城市生态要素，本书的城市生态绩效研究框架涵盖了目前中国最主要、最亟须解决的典型城市生态问题，理论上能够代表大多数，以及整体的城市生态环境状况，这更有利于对空间结构的城市生态绩效形成完整认知，能够为城市规划决策者提供一个行之有效，且具有实际参考意义的城市规划方案。

第二，在作用机制上，本书聚焦于工业企业的空间分布在空间结构对城市生态的影响。交通排放与工业生产是城市生态问题的最主要来源，不同于以往大多数文献着重关注交通的传导机制，本书聚焦于工业企业的空间分布，主要是工业企业区位选择的传导机制；同时，不同于以往研究仅仅停留在理论分析和猜测层面，缺少实证检验，本书利用逐步法对工业企业的空间分布进行了实证检验，为政策传导机制的解释打下了坚实的基础。

第三，在研究结论中，空间结构在市辖区和市域尺度上对城市生态要素的影响并不相同，不存在完美的空间结构能够提升所有城市尺度的生态绩效。本书发现，在市辖区尺度，单中心结构有利于降低 $PM_{2.5}$ 的排放量；而在市域尺度，多中心结构能够带来更高的空气质量。另外，在市辖区和市域尺度,多中心结构有利于提高绿色空间的面积占比和可达性,并且可以降低热岛强度。因此,在城市规划的实践中,要实事求是,具体问题具体分析,采取有针对性的规划策略。

本书的理论意义在于,不仅提供了新的空间结构影响城市生态的实证证据,更加重要的是,提炼了全球最主要的城市生态问题,构建了相对完整的城市生态绩效研究框架,并发现了并不存在完美的空间结构适用于所有的城市生态要素的结论,这为中国城市空间规划和提升城市生态环境品质提供了坚实的学术支撑。关于通过多中心规划以提升城市生态质量是否有效这个问题,世界各地城市的实践效果并不明朗。本书认为,城市空间规划要充分考虑城市空间尺度和生态要素类型,"一刀切"地全面推行多中心战略有生态风险。多中心结构虽然能提高市辖区和市域尺度的绿色空间绩效,并降低热岛强度,同时可以降低市域尺度的$PM_{2.5}$排放量;但是,对于市辖区尺度,单中心结构被发现有利于降低$PM_{2.5}$排放量。因此,在政策制定和实施中,要因地制宜地采取有针对性的规划措施。

2　文献评述与理论框架

第1章交代了城市生态的现状、多中心结构的规划措施,以及本书的两条思路和可能的创新之处与贡献。在此基础上,本章综述将回顾相关的经典理论,为实证研究做好理论铺垫,具体分为两大部分:第2.1节分别从演变动力和演变形式两个方面回顾了与城市内部和城市区域空间结构演变相关的理论文献,说明空间结构在城市内部和城市区域的差异;同时,着眼于工业企业空间分布的传导机制作用,重点评述空间结构变化对工业企业空间分布的影响,以及工业企业的空间分布作为影响路径的作用。第2.2节从实证的视角,分别回顾了空间结构对空气污染、绿色空间建设、热岛效应的影响的文献,并归纳了这些文献的不足之处。第2.3节在前两个部分的基础之上,构建了本书的理论框架,并从总效应和机制传导效应两个方面提出了本书的研究假说。第2.4节是针对本章的结论与启示。本章的意义不仅在于回顾了与研究主题相关的理论文献和实证文献,而且重要的是,从理论层面阐述了区分空间尺度差异的必要性,从逻辑上理顺了工业企业的空间分布作为空间结构影响城市生态的传导路径,并且在理论框架的指导下提出了研究假说。这不仅呼应了第1章的研究创新,而且为后文以尺度差异、实证研究、影响机制分析作为研究切入点铺平了道路。

2.1　文献评述:基于理论视角

2.1.1　空间结构相关经典理论回顾

空间结构按照空间尺度大致可以分为城市内部(intra-urban)空间结构、城市之间(inter-urban)空间结构和区域之间(inter-regional)空间结构(Davoudi,2003;冯健等,2003)。由于本书是基于城市的研究,因此只关注前两种空间结构。由于在演变动力和演变形式方面存在巨大差异(王开泳等,2005),城市内部和城市之间的空间结构需要被分别考虑。

1) 城市内部空间结构理论

城市内部空间结构的理论发源于冯·杜能(von Thunen)的农业区位论,该理论假设均质平原上仅有一个城市,被称为孤立国,距离城市中心的远近决定了不同地区农产品的纯收益(经济地租),因此该城市从中心向外依次形成了六个同心圆。由于该同心圆的形成是外生给定的,孤立国理论只能解释经济活动是如何远离城市中心的,但是对于经济活动为何向心分布并没有给出有效解释(赵红军,2005)。

以阿隆索(Alonso,1964)为代表的新城市经济学派用竞租理论(bid-rent theory)来分析城市内部的土地利用,后来经米尔斯(Mills,1967)和穆斯(Muth,1969)的扩展和完善,形成了完整的空间均衡模型——阿隆索—穆斯—米尔斯(Alonso-Muth-Mills)模型。该模型认为居民在城市中的收入和便利性(如基础设施质量和可达性)为常数保持不变,住房成本和通勤成本之和在空间上是恒定的,随着远离城市中心,住房成本下降而通勤成本上升,两者的增减呈线性同步(图 2-1),由此形成单中心结构。

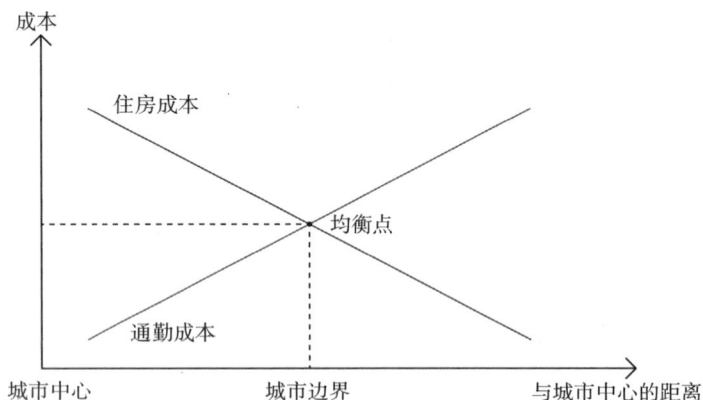

图 2-1　阿隆索单中心城市均衡模型

简洁的 Alonso-Muth-Mills 模型的优势在于能够做出一般理论化的解释和预测,但是并不符合很多城市的现实分布。格拉泽等(Glaeser et al.,2001)对美国城市的研究发现,大多数城市的人口就业都远离城市的传统中心,这与阿隆索(Alonso)的单中心城市模型并不一致。亨德森(Henderson,1996)拓展了单中心模型并得出预测:在就业比较分散的城市中,住房价格与距城市中心距离之间的关系较为平坦,并据此引入了多中心结构模型(图 2-2)。

在多中心均衡模型中,边缘城市(edge city)形成的原因主要是富人的外迁(Glaeser et al.,2008)。对于穷人居住在城市传统中心而富人迁至郊区的现象,主要有两种解释:第一,相比于更加宝贵的时间价值,富人更希望拥有更多、更大的土地,而郊区便宜的租金和良好的环境正合其意(Becker,1965)。第二,富人和穷人使用不同的交通工具(通勤技术)(LeRoy et al.,1983)。穷人倾向于使用公共交通,而富人大多选择开车出行,因此,不仅富人的时间更有价值,而且他们的单位通勤成本也可能更低。而在美国的城市也确实发现了类似的现象,居住在市中心的穷人更多使用公共交通,这将导致在新建的地铁站周边,贫困率会有所上升(Glaeser et al.,2008)。

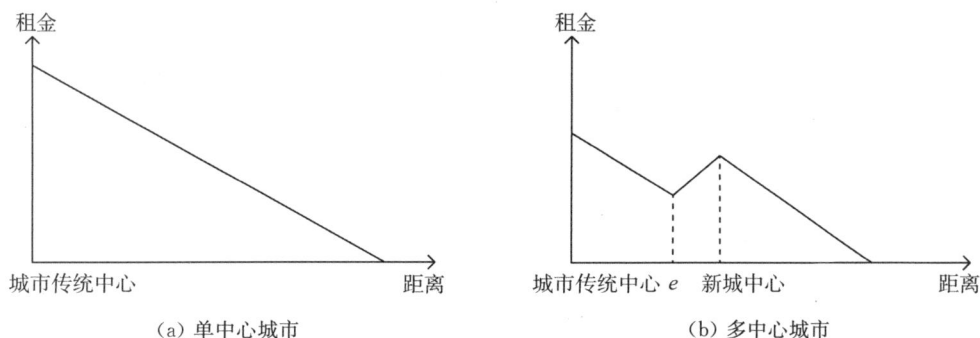

图 2-2　亨德森的多中心城市均衡模型

注：e 为多中心城市情境下传统城市的边界。

2）城市之间空间结构理论

Alonso-Muth-Mills 模型是研究城市内部空间结构的工具，与之相对应的罗森—罗巴克（Rosen-Roback）模型则关注城市之间的人口分布与住房价格的空间关系（Rosen，1979；Roback，1982）。城市之间的空间均衡有一个核心假设，即高房价一定具有高收入或高便利性。区域内不同城市的住房价格和所提供的公共服务是一个权衡（trade-off），即不同城市所带来的福利水平是一致的，如不同规模的城市（大、中、小）提供依次降低的基础设施服务，但与此同时住房价格也依次降低，较高的舒适度和效用被高生活成本所抵消，区域内不同城市有着相同的效用水平，以此达到空间的均衡。但是该模型仅提供了城市间空间均衡的思想基础，并未涉及具体的空间结构形态。

基于核心—边缘理论，美国经济学家弗里德曼（Friedmann，1966）在《区域发展政策：以委内瑞拉为例》一书中提出了四阶段区域空间结构演化理论。他将区域经济发展分为四个阶段，即前工业化阶段（the pre-industrial stage）、过渡阶段（the transitional stage）、工业化阶段（the industrial stage）、后工业化阶段（the post-industrial stage）（图 2-3）。在前工业化阶段，社会以农业产业为主，经济活动只发生在有限的居住范围内，每个居住点都是相对孤立的、分散的和流动性低的，居住点之间的差异很小。在过渡阶段，创新意识被激发，经济开始集中在区位条件较好的核心城市（core city），随着资本积累和产业增长，核心城市最终成为区域的增长极。在这一期间贸易和流动性增加，但是强度低，且处于核心城市的控制范围内。在工业化阶段，随着经济增长和扩散，其他的增长极也不断出现，去中心化发生的主要原因是传统核心城市的生产成本（劳动和土地）不断增长，而得益于交通基础设施的不断完善，各地区间的联系非常密切。在后工业化阶段，城市体系已经相对完善，产生了专业化和分工，主要节点间的联系强度增加。在这一阶段主导城市出现，并通过建立大型商业门户（large commercial gateway）而成为世界城市。

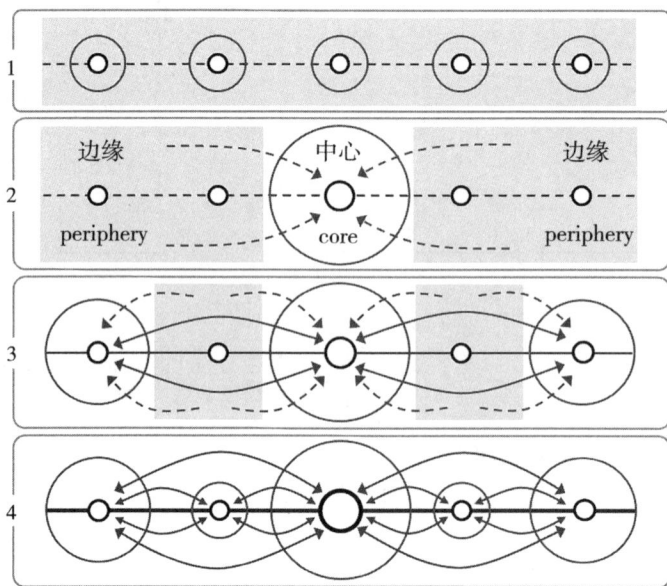

图 2-3　弗里德曼的区域空间结构演变示意

注:图中数字 1—4 分别表示前工业化阶段、过渡阶段、工业化阶段和后工业化阶段。

城市规模分布理论也能够提供城市间空间结构的相关理论,其中的位序—规模法则最为经典。奥尔巴赫(Auerbach,1913)发现,区域内城市的规模与规模排序呈现出一种稳定的规律,用数学表达式可以表示为 Rank (Size)=$A \times$Size^{-a}(其中,Rank 表示区域内按照城市规模排序的位序;Size 表示城市规模;A 表示系数),也被称为帕累托(Pareto)分布。当 Pareto 指数 $a=1$ 时,帕累托定律可被简化为齐普夫(Zipf)定律,在此情况下,区域内规模排名第二的城市规模是第一大城市的 1/2,第三大城市的规模为第一大城市的 1/3,以此类推,这被称为位序—规模法则(藤田昌久等,2005)。基于位序—规模法则,帕累托定律表达式中的 a 常常被用来计算区域的单中心或多中心程度。

另外,增长极理论、点轴开发模式、双核结构等也描述了区域内城市的空间增长模式。增长极理论由佩鲁(Perroux,1955)提出,他认为在区域内,经济活动不是随机、平均分布的,而是首先出现在少数条件优越的地区,并且增长极(growth pole)一旦形成,就会吸收周边地区的要素并发展壮大,当这种极化作用达到一定程度时,经济活动就会开始向周边地区扩散,从而带动周边发展,这被称之为极化—涓滴效应。在此基础上,波兰经济学家彼得·扎伦巴(Piotr Zaremba)和马里什(B. Malisz)提出了点轴开发模式,他们认为随着经济的发展,增长极数量增多,点与点之间由于要素交换需要及物资供应需求会产生交通联系,这就是轴线。轴线一旦形成,人口、产业开始向轴线两侧集聚,并形成新的增长极,点轴贯通,形成点轴结构系统。中国学者陆大道(1995)针对中国国情提出了点轴空间结构的演化模式,并应用到中国的国土规划实践中,形成了著名的"T 字形"战略。

除此之外,中国学者陆玉麒(2002)在研究中国区域城市分布的基础上提出了区域双核结构的模式,即在某一区域中,区域中心城市和港口城市及其连接线所组成的空间结构现象(图 2-4)。

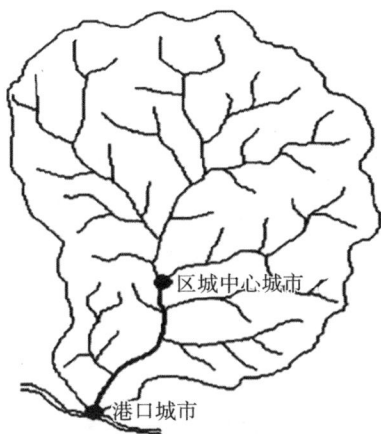

图 2-4 区域双核结构的理想图示

对于区域空间结构演化的动力,克鲁格曼(Krugman,1995)指出,"生产在地理上的集中是某种收益递增的普遍影响的明证"。规模报酬递增通过两种途径影响区域空间结构,分别是空间上的分工演进和产业集聚、扩散(刘勇,2009)。首先,城市化就是通过分工将交易网络聚合到小区域而获得增加的经济效应。其次,在中心—外围结构中,一方面,外围地区以较低的租金和产品费用获得比中心地区更高的利润;另一方面,在规模经济条件下,中心地区因为更接近市场而降低交易及运输费用,从而获得更高的经济收益(孙铁山,2016)。

综上,城市内部空间结构和城市之间空间结构在空间尺度、演变动力、演变形式方面都有显著差异。城市内部空间结构依托于单个城市,主要依靠竞租效应和集聚经济效应驱动,形成单中心或多中心的结构;而城市之间空间结构则产生于拥有多个城市的区域,基于规模报酬递增形成网络状(周春山等,2013)。这些差异不仅影响了两者的量化形式,而且造成了两者对城市生态影响的差异(Veneri et al.,2012),基于理论分析,本书在实证部分将城市内部(市辖区)和城市之间(市域)的空间结构分别处理,以此对比两者对城市生态影响的差异。

如前所述,本书遵循"空间结构影响城市生态"这一概念框架,即研究空间结构通过影响工业企业的空间分布,进而对城市生态产生的影响。基于这个概念框架,本书的工业企业的空间分布特指工业企业在市辖区或市域范围内的区位选择问题,例如,"工业企业是更多地集中于市辖区中心地区,还是较为分散地分布在郊区?是否存在工业企业的去中心化?"等问题。基于此,本部分主要从理论上回顾两个部分的文献:第一,空间结构对工业企业空间分布的影响;第二,空间结构通过工业企业的空间分布对城市生态的影响。通过文献综述,以期从理论和逻辑上理顺空间结构、工业企业的空间分布和城市生态的作用关系,为后文的实证分析做好理论铺垫。

2.1.2 空间结构对工业企业空间分布的影响

人口与经济通常具有同步性(孙铁山等,2020),因此人口的流动会导致工业企业在空间上重新进行区位选择。空间结构对工业企业分布的影响主要体现在两个方面:向心力作用和离心力作用。向心力作用是指,空间结构促使工业企业的区位在地理空间上相互靠近,呈集中分布;离心力作用是指,由于集聚不经济,空间结构使得工业企业的区位在地理空间上相对分散,呈现去中心化分布。

1) 向心力作用:集聚经济的结果

集聚经济(agglomeration economics)是由城市集聚带来的一种经济效应,指城市经济活动的规模和密度提高导致居民和企业绩效提升的效应(Blume et al.,2008)。人口作为主要的消费者和劳动力,在地理空间上的移动能够显著影响工业企业的区位选择(王列辉等,2018)。

通常认为,紧凑的人口分布结构会导致工业企业在空间上集聚(Fujita et al.,2013),这被称为“本地市场效应”(home market effect)。这主要是因为:第一,人口的紧凑分布有利于企业间、企业和劳动力之间的共享(sharing)、匹配(matching)和学习(learning)(Duranton et al.,2004)。首先,人口紧凑地区拥有丰富且高质量的基础设施和完善的配套服务,有利于降低企业的建设成本和交易成本。其次,在人口稠密地区劳动力的异质性更高、竞争更激烈,这有利于劳动密集型工业企业匹配到更高水平的劳动力。最后,劳动力、消费者和企业的集聚分布也有利于企业和消费者、企业与企业之间分享彼此的知识和经验(张志强,2016),以提高技术水平和营销经验。第二,企业在人口密集地区的集聚分布有利于接近消费市场(陆铭等,2014)。接近消费市场的优势不仅能够降低运输成本(对于产品导向型工业企业尤其重要),而且能够及时对产品的市场效果做出反应,进而调整生产策略。第三,紧凑地区通常具有较高的经济发展水平(孙铁山,2016),而经济发展水平与环境规制水平呈正相关,这就要求工业企业(特别是污染密集型工业企业)集中分布,从而有利于相关部门的监督和管理(Dasgupta et al.,1996;Wang et al.,1996)。

2) 离心力作用:集聚不经济的结果

集聚不经济(agglomeration diseconomics),又被称为集聚成本(agglomeration costs),指由城市集聚带来的负外部性。集聚不经济是与集聚经济相对立的一个概念,两者之间的权衡被藤田等(Fujita et al.,2013)称为“空间经济的基本权衡”。

城市人口分布由紧凑转为去中心化,也会带动工业企业的分散分布,而集聚不经济可以解释其中的大部分原因。第一,随着紧凑程度的不断增高,城市的拥挤程度不断加深,主要体现在土地租金和住房成本飙升、通勤距离过长和交通拥堵严重等(张志强,2016),这会促使工业企业搬迁至土地成本较低、交通通畅的城市郊区,以降低成本。第二,集聚不经济的另一个表现是城市环境恶化,而环境恶化被认为是阻碍集聚的分散力量(van Marrewijk,2005;Lange et al.,2007)。除了集聚不经济,一些不可移动要素,如土地、矿产,也会强化工业企业的分散(陆铭等,2014)。工业企业对宽广土地的天然青睐,以及资源密集型工业企业对矿产资源的内在依赖,都会强化这些工业企业选址于租金便宜、资源丰富的郊区(陆铭,2019b)。

从上可以看出,从理论和逻辑上来看,人口分布与工业企业的分布具有空间上的一致性,即紧凑的人口分布通常会带来工业企业的集聚,而人口的去中心化也会促使工业企业的分散分布。但是,中国的国情也使这些理论存在例外之处。例如,发达国家的研究证据显示,集聚不经济导致城市中心环境恶化,进而人口外迁至郊区,工业企业随之分散,从而导致内城衰落。但是在中国城市中,除了少数资源密集型城市外,极少有城市出现内城衰落的情况。中国城市交通拥堵、环境恶化,政府会选择将污染密集型企业外迁以提升环境质量,而人口还是"用脚投票",不断涌入城市中心,这是因为城市中心有更完善的基础设施,在发展中实现内城更新。

2.1.3 工业企业空间分布的影响机制

空间结构对工业企业的空间分布产生了向心力和离心力两种作用关系,而向心力和离心力对城市生态的影响更为复杂,分别具有正向和负向的影响。正向影响主要是指有利于城市生态环境质量提升的效应,如污染程度降低、绿色空间增加、热岛效应降低等,负向影响正好相反。空间结构通过工业企业的空间分布对城市生态的影响如表2-1所示。

表2-1 空间结构通过工业企业的空间分布对城市生态的影响

空间结构对工业企业空间分布的影响	对城市生态的影响	
	正向影响	负向影响
向心力	1. 企业间知识溢出,有利于提升企业环保技术(Escudero et al.,2014);紧凑地区更完善的环保基础设施可以供企业间分享使用; 2. 规模大、人口稠密地区拥有更严格的环境规制水平和环保意识,从而降低企业排放量(朱向东等,2018a,2018b); 3. 紧凑的人口分布减少了对城市外围/郊区绿地的破坏,且减少了郊区的热源	1. 污染物集中,提升污染浓度,且人均污染暴露量提高; 2. 政府和企业的地理靠近可能造成寻租行为,减弱惩罚的威胁; 3. 压缩了城市中心的绿色空间,由于交通拥挤,绿地可达性降低; 4. 工业等热源集中在城市中心地区,强化热岛效应

空间结构对工业企业空间分布的影响	对城市生态的影响	
	正向影响	负向影响
离心力	1. 污染物（主要是空气污染物）能够在更大的土地面积上稀释，从而降低污染物的浓度和暴露量（Huang et al.，2014）； 2. 边界地区的污染物可以转嫁给邻近地区（Sun et al.，2020a）； 3. 外围地区的地价和劳动力相对便宜，企业有更多的资本用于环保投入； 4. 绿色空间可以相对均匀地分布在城市中，提高可达性（Xu et al.，2018）； 5. 工业热源被分散，从而缩小中心—外围的温度差，减轻热岛强度	1. 城市整体的环境规制水平可能降低，工业企业污染物排放量可能增加（黄志基等，2015）； 2. 人口集聚程度降低，对于公共绿地的支付意愿降低，因此，分散可能会导致绿色空间质量下降； 3. 热源的分散有可能会提高整个城市的温度水平（Yang et al.，2016）

如表 2-1 中所列，向心力和离心力对于城市生态的影响是多方面、多维度的，而空间结构对城市生态的最终影响依赖于向心力和离心力作用下正向影响和负向影响的均衡。从表 2-1 中可以看出，某一类空间结构通过工业企业的空间分布对城市生态的影响不是单一线性的，而是具有多维性和过程性的。例如，在向心力的作用下，单中心结构可能导致工业企业的紧凑分布，从而单中心结构的生态绩效取决于向心力作用下正向影响和负向影响的均衡；对于多中心结构而言，中心地区的去中心化和外围地区的再集聚并存，其生态绩效就分别包含了向心力和离心力两种作用力下的正向影响和负向影响，最终效应取决于多重影响的均衡。

2.1.4　工业企业空间分布作为影响机制的必然性

从理论上看，人口的空间结构可以通过影响工业企业的空间分布来影响城市的生态。在模型中，人口空间结构作为前置变量（自变量）、工业企业的空间分布作为中介变量、城市生态是后置变量（因变量），三者缺一不可且不可替代，这是本书概念框架能够成立的基础和前提。

1）人口空间结构对工业企业分布的影响具有必然性

人口与工业企业的空间分布具有双向影响的特征，但这并不能否认人口空间结构影响工业企业分布的必然性。首先，人口可以先于工业企业流动。城市内人口的迁移流动相对是"用脚投票"的市场行为，对于城市管理和规划政策变动的敏感性会高于工业企业，因此，人口在城市中的迁移既频繁且超前。其次，工业企业会随人口的流动而迁移。人口的集聚提供了工业企业所需的市场和劳动力,从而吸引企业迁移至人口聚集处。最后,单纯的人口流动会造成严重的经济、社会和生态后果。人口与就业(企业)的空间分离会形成长距离的通勤,造成经济浪费和污染物排放,在一定程度上还可能引起居住隔离。

2) 工业企业空间分布对城市生态影响的必然性

在很大程度上,工业企业空间分布对城市生态的影响是显著的和直接的。例如,工业企业的集聚,可以通过知识溢出提高技术水平,而企业之间的邻近性可以共享环保设施,加之受到较高的环境规制从而会降低空气污染物的排放量;工业企业的分散分布可能会将污染物扩散,或者转移至相邻地区。对于绿色空间建设和城市热岛效应而言,工业企业占据了大量的不透水面,并且还是城市中重要的热排放源,因此,工业企业的空间分布直接影响了绿色空间的分布,以及热岛强度的高低。

3) 人口空间结构作为前置变量的必要性。

工业企业的空间分布对城市生态的影响具有必然性,本书依然将人口空间结构作为前置变量(模型自变量)的原因是:第一,人口空间结构与工业企业的空间分布互相影响,密不可分,而且工业企业的空间变动在一定程度上是由人口迁移驱动的。如果只研究工业空间分布对城市生态的影响,那么会丧失这个逻辑链条中的重要源头和驱动力。第二,将人口空间结构作为前置变量,可以从多维度构建起更大、更完整的概念框架,即人口空间结构不仅通过工业企业的空间分布影响城市生态,其他的传导机制还可能包括出行行为、基础设施建设等,多维度的概念框架更有助于理解空间结构影响城市生态的机制和原理。由于工业企业对城市生态影响的直接性,因此本书将其作为重要的传导机制进行重点研究,但是并不意味着传导机制只有工业企业的空间分布。

2.2 文献评述:基于实证视角

2.2.1 空间结构对空气污染影响的实证研究及研究不足

本小节从整体上回顾单中心/多中心结构对于空气质量影响的实证研究。多中心结构是去中心化(decentralization)后再空间集聚(concentration)的过程,因此,除了使用单一指标测度空间结构的文献外,本小节同样包含了空间集中(spatial centralization)和空间集聚(spatial concentration)影响空气质量的文献。另外,虽然空间结构对不同空气污染物的影响可能不同,但是由于与$PM_{2.5}$相关的文献太少,因而一些关于温室气体排放的文献也被囊括进本小节中。因此,在接下来的文献综述中,将依次回顾以下三类文献:单中心/多中心单一指标影响空气质量(包括$PM_{2.5}$等颗粒物和温室气体排放量)的文献;空间集中影响空气质量的文献;空间集聚影响空气质量的文献。

1）空间结构对空气质量的影响

（1）单中心/多中心和空气质量

单中心/多中心结构对城市空气质量的影响的文献并没有形成一致的结论。李迎成等（Li et al.，2019）和维内里等（Veneri et al.，2012）分别对中国98个地级城市市域和意大利次级区域（NUTS-2）研究后发现，多中心结构会增加$PM_{2.5}$浓度和人均温室气体排放量。他们认为，如果就业和消费集中在城市中心，并且集聚经济超过集聚不经济，那么多中心结构将会增加出行需求，并降低能源和基础设施利用效率。相反，思雅特（Sat，2018）和孙斌栋等（Sun et al.，2020a）分别基于土耳其和中国的区域样本发现，多中心结构分别与每立方米的空气污染物和二氧化碳（CO_2）浓度呈负相关关系。CO_2浓度的减少被认为是通勤时间较少、重污染企业的重新区位选择，以及家庭居住面积的增加之间权衡的结果（Sun et al.，2020a）。另外，除了正向和负向的统计结果，还存在混合和不显著的结论。陶晶等（Tao et al.，2019）发现多中心有利于增加PM_{10}的排放量，但是对于拥有更多私家车的城市（城市内拥有超过1 000万辆私家车），通过在传统中心和次中心之间实现更加均衡的人口分布来增强多中心集群，可以减少排放量。基于美国125个最大的城市化区域，李宗伟等（Lee et al.，2014）发现多中心结构会增加交通CO_2的排放量，但是会降低家庭CO_2的排放量。相反，布尔加拉西等（Burgalassi et al.，2015）的研究没有发现多中心能够降低CO_2排放量的证据。

除了不同污染物之间、不同温室气体的差异外，不同的方法论也可能会造成不一致的结论。这里的方法论主要指多中心的测度方法和模型估计方法。单中心/多中心最常用的测度指标是Pareto指数和首位度（primacy）指数（Veneri et al.，2012；Burgalassi et al.，2015；Sat，2018；Sun et al.，2020a），这两个指标通常用于区域多中心的测度。李宗伟等（Lee et al.，2014）采用一个综合的多中心测度指标，他们认为多中心程度是指城市中心作为经济、商业和娱乐活动的枢纽，其功能在传统的中央商务区和副中心之间的共享程度。陶晶等（Tao et al.，2019）使用了三个指标以共同量化多中心：中心的数量、多中心的聚合指标、人口在中心之间的分布状况。关于模型估计方法，皮尔逊相关系数和普通最小二乘（Ordinary Least Squares，OLS）法是最常用的方法，而在最新的研究论文中，空间计量模型也被应用来控制PM_{10}和温室气体的空间自相关（Tao et al.，2019；Sun et al.，2020a）。

多中心结构是人口去中心化后空间再集聚的过程，因此其至少包含两个维度：空间集中维度和空间集聚维度。空间集中反映人口与城市中心（通常是中央商务区）的距离，而空间集聚表示人口在城市中不均匀分布的程度（Burgalassi et al.，2015）。一些文献分别从空间集中维度和空间集聚维度探讨了空间结构与空气质量之间的联系（Bechle et al.，2011；Burgalassi et al.，2015；Kang et al.，2019）。

（2）空间集中与空气质量

空间集中通常被量化为人口（或就业）与中央商务区之间的距离,或人口、就业集中在中央商务区一定范围内的比重。人口距离中央商务区越近,空间集中程度越高。以中国长三角城市群（She et al.，2017；Tao et al.，2019）、美国城市化地区（Clark et al.，2011；Lee et al.，2014）为研究样本,空间集中程度被发现与空气质量呈显著正相关关系。这可以从交通的角度进行解释,人口或就业的空间集中不仅能够缩短出行距离,进而降低机动车排放量,而且能够增加公共车辆的使用,从而降低交通排放量。

空间集中的量化通常分为两种：克拉克等（Clark et al.，2011）、李宗伟等（Lee et al.，2014）和陶晶等（Tao et al.，2019）使用中央商务区人口占城市化地区的比重来表示空间集中程度,其优点在于方便计算,但是它忽略了中央商务区以外地区的人口分布。佘倩楠等（She et al.，2017）将人口集中程度定义为任意两个相邻的城市斑块之间的平均距离。这种方法考虑了城市所有的人口分布,但是无法识别城市中心。在模型估计方法的选择上,大多数研究都使用相关分析和一元回归分析,只有陶晶等（Tao et al.，2019）在近期的研究中使用了空间杜宾模型来考虑空气污染物在相邻地区间的自相关问题。

（3）空间集聚与空气质量

空间集聚是指人口或就业在城市中不均匀分布的程度。人口分布越不均匀,空间集聚程度越高。袁满等（Yuan et al.，2018a,2018b）研究发现中国城市的空间集聚程度与$PM_{2.5}$浓度呈负相关关系。以韩国225个司法管辖区为研究区域,姜正恩等（Kang et al.，2019）发现空间集聚能够降低臭氧（O_3）浓度。但是,麦卡蒂等（McCarty et al.，2015）通过研究2006年美国所有的县样本发现,人口的空间集聚程度与一年中$PM_{2.5}$超标天数之间的关系并不显著。

以上不一致的研究结论可能是由于不同的指标测度方法所导致的。集聚通常用基尼系数来量化,戈登等（Gordon et al.，1986）在街区尺度上将其改造为人口密度的空间基尼系数,麦卡蒂等（McCarty et al.，2015）在研究中也使用了同样的测度。袁满等（Yuan et al.，2018a,2018b）认为空间集聚是城市建成区内人口密度的变异系数,计算方法为人口密度（栅格数据）的标准差除以平均密度。姜正恩等（Kang et al.，2019）利用锡尔熵指数（Theil entropy index）来表示人口在空间不成比例的分布程度。另外,模型的估计方法也会影响结论。除了袁满等（Yuan et al.，2018a,2018b）使用的线性回归模型外,空间计量模型也已经出现在相关的研究中。

2）已有实证研究的不足

基于对以上文献的综合分析,本书总结出三条已有研究的不足之处。

第一,已有研究的结论是混合的,空间结构与空气质量之间的关系并没有被识别清楚。即使只考虑与$PM_{2.5}$相关的文献,结论依旧是模糊的,这样的结论是无法用来指导城市规划以达到绿色城市的建设目标。因此，需要更多的实证来丰富这一研究主题，并探索可能的影响路径。

第二，大多数实证文献中的空间结构量化指标和模型估计方法不严谨。对于多中心的测度而言，大多数研究中所使用的基于位序—规模法则的 Pareto 指数和 primacy 指数更加适合区域尺度（Meijers et al.，2010；Li et al.，2018a；Sun et al.，2019）。对于城市尺度而言，利用空间集中和空间集聚测度空间结构被认为是可靠的方法（Lee，2007），但是在实证文献中，这两个指标却较少被用来估计空间结构对空气污染的影响。对于模型的估计方法，以往研究中出现相关分析[如皮尔逊（Pearson）相关系数]并不是一个严谨的分析手段，一般的 OLS 估计方法由于缺少对空气污染物空间自相关的处理而导致偏误。现在，越来越多的环境研究开始使用空间计量模型，通过构建研究单元间的空间权重矩阵来控制空气污染物的空间依赖性，是一种较为推荐的模型估计方法。

第三，以往文献从实证角度探索城市空间结构与空气质量的影响机制较少，但是这样的机制研究对于理解空间结构的生态绩效非常重要。以往关于机制的相关研究大多基于猜测估计、逻辑推理和简单的散点图等，但这些数据都缺乏足够的可信度。目前，只发现两篇机制实证研究：一是李宗伟等（Lee et al.，2014）使用多层结构模型定量化研究了多中心通过影响机动车出行距离和夏季制冷天数，来影响 CO_2 的排放量。孙斌栋等（Sun et al.，2020a）使用面板数据模型研究了空间结构通过影响通勤时间、居民住房面积和工业企业空间分布来影响 CO_2 的浓度，发现多中心结构主要通过降低通勤时间、疏散污染企业来实现 CO_2 浓度的下降。

2.2.2　空间结构对绿色空间建设影响的实证研究及研究不足

1）空间结构对绿色空间建设的影响
（1）直接关于单中心、多中心的研究

根据以往的研究基础，绿色空间建设影响因素的相关研究大致可以分为两大类：规模与可达性，即探究什么样的因素导致了绿色空间规模和可达性的变化。绿色空间规模是指绿色空间用地的面积或数量；绿色空间可达性表示分布在全市的居民接触到绿色空间的平均难易程度。规模和可达性是两个有关联但不同的概念：规模强调数量的多少；可达性关注要素空间分布与人口分布的契合程度。在以往研究中，只有少数几篇从单中心和多中心的视角直接定量研究其对绿色空间规模和可达性的影响。

以中国长三角地区 50 个城市为研究区域，张童等（Zhang et al.，2018）使用最小二乘估计法和地理加权回归分析发现，具有一个中央集聚体（central agglomeration）的高密度发展模式能够有效促进城市绿色空间的增长,这意味着单中心的城市结构能够带来更多的绿色空间。徐超等(Xu et al.,2018)使用情景分析法(scenario analysis)对德国慕尼黑城市研究后发现,在增加人均绿色空间面积和能够到绿色空间的人口占比方面,多中心比单中心结构表现得更好。另外,在回顾绿带(green belts)和绿心(green centers/heart)发展历程的基础上,库恩(Kühn,2003)认为单中心结构的城市通常发展绿带,而绿心通常出现在多中心城市,但是并未比较两者在绿色空间规模和可达性方面的优劣。

除了直接从单中心/多中心角度研究绿色空间建设外,还有一些文献从集中维度(距主中心的距离)和集聚维度(不均匀分布程度)来研究空间形态对于绿色空间的影响。虽然这并不与多中心和单中心结构直接相关,但是作为空间结构的不同维度,集中程度和集聚程度也可以用来定量测度多中心,因此本书将这两个部分的文献一并回顾。

（2）集中维度:与主中心的距离

从距主中心的距离角度来看,通常认为自然生态要素和绿色土地覆盖物会随着距离城市中心越远而逐渐递增(Kong et al.,2006;Jim et al.,2006;Lo et al.,2010)。陶宇等(Tao et al.,2015)以中国常州市为案例分析发现,常州市的生态系统服务水平从城市中心(downtown)到城市边缘(peri-urban)逐渐递减。胡提拉等(Hutyra et al.,2011)对美国西雅图市研究发现,随着距离城市中心越远,地上的粗木质碎屑生物量(above-ground coarse woody debris biomass)会逐渐增多,而在城市边缘地区增加最多。相似的结论同样在中国济南市的案例研究(Jim et al.,2003)和跨国城市的比较研究(Russo et al.,2018)中发现。

对于绿色空间的可达性,以往的研究通常认为到城市中心的距离与绿色空间的可达性成反比。赖特·温德尔等(Wright Wendel et al.,2012)以玻利维亚的圣克鲁兹市为研究案例发现,到城市中心的距离和时间是居住在外围的居民接近绿色空间最显著的障碍。奥克斯等(Oakes et al.,2007)在对美国双子城研究的基础上认为,高的街道连通性更可能具有高的绿色空间可达性,这似乎意味着交通基础设施完善的城市中心地区相比郊区具有更高的绿色空间可达性。

（3）集聚维度:密度的作用

大多数文献认为密度与绿色空间的规模呈负相关关系,主要是因为稠密的建筑会挤出有限空间内的绿色空间(Schmid,1977;Grey et al.,1986)。戴维斯等(Davies et al.,2008)以英国谢菲尔德市为研究案例发现,整体的房屋密度与绿色空间面积呈显著负相关关系。富勒等(Fuller et al.,2009)通过对欧洲386个城市的对比研究发现,人口密度使城市绿地覆盖率略有下降,其中在密度大、面积小、密集的城市中人均绿地面积下降明显。在回顾和总结前人研究的基础上,哈兰等(Haaland et al.,2015)认为以密实式(consolidation)和填充式增长(infill process)为主要特征的致密化发展(densification development)将会对城市绿色空间面积的增长产生巨大的威胁。除了负相关关系,卡比施等(Kabisch et al. ,2013)使用相关分析研究发现,绿色空间的供给并不与人口密度呈显著相关关系,而是与城市面积呈正相关关系。

密度对绿色空间可达性的影响在已有研究结论中是混合的。斯塔勒(Ståhle,2010)基于对瑞典斯德哥尔摩市的研究发现,内城的居住密度越高,绿地的可达性越高,即使在替换了不同的可达性指标后,结论依然稳健,但是,孔繁花等(Kong et al. ,2006)在研究中国济南市时却发现了与之相反的结论。另外,阿尔费尔特等(Ahlfeldt et al. ,2019)使用经济合作与发展组织国家城市样本和工具变量法研究发现,人口密度显著降低了小区域的植被可达性,同时城市公园和郊区森林的增多显著提高了功能经济区(functional economic area)的绿色可达性,研究还发现人口密度降低了功能经济区的人均绿地面积。

2)已有实证研究的不足

通过对以往研究的系统性回顾,并结合中国城市人口分布演变和绿色空间的现状,从中归纳出三个可以继续改进提高的方向,这也是激励并启发本书的基础。

第一,已有关于城市绿色空间影响因素的研究较少从单中心/多中心维度切入。据笔者所知,目前仅有徐超等(Xu et al. ,2018)直接比较了单中心和多中心在人均绿地面积和绿地可达性的绩效。尽管有一些研究分别从集中维度和集聚维度探讨了对城市绿色空间建设的影响,但是还没有研究将两者统一至空间结构的维度去探究其绿色绩效。中国的一些城市目前正在实施多中心的发展战略,而这种发展战略是否符合绿色城市的建设标准,还需要进一步的实证检验。

第二,多数研究是基于单个城市的案例分析,缺少具有普遍性、规律性的研究。案例研究针对某一城市或小尺度地区进行微观探索,能够深入剖析绿色空间的分布和形成原因,并因地制宜地提出具有针对性的政策建议。但是,案例研究也有缺点,其结论和政策建议都只适用于研究地区,并不能推广到相关的其他地区,而以大样本为基础的计量经济模型能够通过控制相关变量的方式,形成规律性的、普世性的研究结论,从而指导大多数城市进行空间结构调整。

第三,对于空间结构影响城市绿色空间的路径分析比较模糊。在以往研究中,对于空间结构如何影响绿色空间形成了两种主要看法:第一,城市建设用地与绿色空间在空间上是"非此即彼"的关系,即紧凑的人口分布理所当然地带来了外围地区更大规模的绿色空间,但是这个关系未必成立,因为绿色空间(如城市绿地)属于公共物品,需要政府提供并维护,因而人口稀少的郊区不一定拥有大面积的绿地。第二,城市(区域)人口和绿色空间分布是由政府主导并规划建设的。但是已有研究并没有进一步说明政府是如何通过调整空间结构来影响绿色空间的分布。

2.2.3 空间结构对热岛效应影响的实证研究及研究不足

1) 空间结构对城市热岛效应的影响

从空间结构的视角来看,只有三篇文献直接从单中心/多中心视角研究城市热岛效应。使用美国 50 个人口最稠密的都市统计区(Metropolitan Statistical Areas,MSA)数据,通过划分最大城市斑块的面积来量化城市的单中心性,德伯格等(Debbage et al.,2015)使用最小二乘估计模型,没有发现多中心影响热岛强度的显著证据。杨龙等(Yang et al.,2016)在评估 2010 年北京市域发展情况的基础上,利用情景分析方法预测了 2050 年的发展状况,认为多中心城市相对于单中心城市在降低平均城市热岛强度方面有效,但是会在区域范围内产生更大的热负荷和更深层次的热反馈。将土地利用数据与人工识别方法相结合,岳文泽等(Yue et al.,2019)用最大板块指数和斑块面积的变异系数来量化形态多中心,在杭州市域的案例中发现,多中心结构可以降低地表热岛效应,这主要是由于多中心结构打破了工业园区因单一的土地利用格局形成的连片的热景观。

此外,相关学者分别从空间结构的其他维度(如紧凑、蔓延、分散、密度)展开了城市热岛效应的相关研究。尽管这些不同结论的研究与本章的研究目标不直接相关,但它们可能有助于本书在空间尺度、指标量化和路径探索方面进行创新的挖掘,本书以此组织并回顾了以下文献:

(1) 空间尺度

从空间研究范围角度来看,这些文献大致可以分为两大类:城市研究和区域研究。

首先,在欧洲地区,周斌等(Zhou et al.,2017)和施瓦茨等(Schwarz et al.,2014)使用大样本分析,分别研究了 5 000 个和 274 个城市。除此之外,单个城市的样本分析也非常流行,如博蒂安等(Bottyán et al.,2005)研究了匈牙利的德布勒森,宾霍等(Pinho et al.,2000)的案例选取了葡萄牙的海滨小城阿威罗。在北美地区,美国的哥伦比亚(Chun et al.,2014)和凤凰城(Middel et al.,2014),加拿大的多伦多(Rinner et al.,2011)都有被作为研究案例。在亚洲,中国的武汉(Yin et al.,2018)、北京(Qiao et al.,2014)等大城市受到较多的关注。除了现实中的城市,一些虚拟化的理想城市(idealized cities)也被作为研究对象,例如,马蒂利(Martilli,2014)在研究中设计了 22 个拥有相同人口规模,但是不同人口密度和植被分布的理想城市,以此研究空间形态对城市热环境的影响。

其次,在区域尺度中,斯通等(Stone et al.,2010)的研究样本是美国 83 个最大的大都市区;斯通等(Stone et al.,2001)关注了美国亚特兰大都市区;安达等(Adachi et al.,2014)的案例是位于亚洲日本的东京大都市区;陈晓玲等(Chen et al.,2006)则选择了中国长三角地区的城市市域。

在以上的研究中,无论是大样本分析还是案例研究,无论是在城市尺度还是在区域尺度,都是规模小、分散的形态有利于降低热岛强度。

（2）方法论

这里的方法论主要是指指标量化和模型的估计方法。不同的研究使用不同的空间结构和城市形态量化指标。最常用的地理景观指标(指标组合)包括中心性(centeredness)、连接性(connectivity)(Stone et al.，2010)、斑块的数量、建筑密度(Schwarz et al.，2014)、与目标地点的距离(Pinho et al.，2000)、归一化植被指数(normalized difference vegetation index)、归一化水分指数(normalized difference water index)(Chen et al.，2006)等。除了以上这些指标组合外,单一的指标也常常被用来测度空间结构或城市形态。例如,周斌等(Zhou et al.，2017)使用计盒算法(box-counting algorithm)来计算每个城市中心的分形维数,以此作为城市形态的量化指标。乔治等(Qiao et al.，2014)计算了城市外轮廓的紧凑比例来表示城市形态。

对于模型的估计方法而言,一元线性相关、箱形图(Stone et al.，2010；Qiao et al.，2014；Schwarz et al.，2014)和微观气候模拟软件ENVI-met(Emmanuel et al.，2007；Middel et al.，2014)是最常用的方法。另外,面板多元回归模型(Bottyán et al.，2005；Zhou et al.，2017)、空间自相关的回归模型(Chun et al.，2014)和情景分析方法(Chen et al.，2006；Adachi et al.，2014)也在分析空间形态对热岛效应的影响的文献中比较流行。

（3）路径分析

城市的人口空间分布影响热岛效应主要通过几个传导机制进行。第一,土地利用。宾霍等(Pinho et al.，2000)对葡萄牙海滨小城阿威罗的土地利用类型进行统计,发现绿色空间越少,热岛强度就越大。工业副中心的兴起被认为是导致杭州市域温度上升的主要原因(Yue et al.，2019)。第二,风速。紧凑和密集的建成区温度较高的原因之一就是缺乏开敞空间,导致气流受阻,无法向大气中释放热能(Bärring et al.，1985；Chun et al.，2014)。小巴林等(Balling Jr et al.，1987)在美国凤凰城的案例中发现了风速和热岛强度的负相关关系。第三,能源消耗。在拥有较低容积率建筑的城市中,建筑的取暖和制冷的能源消耗会显著降低(Martilli，2014)。在道路畅通的城市,交通排热的减少也会降低局部地区的升温强度(Crane，2000)。

2）已有实证研究的不足

通过对不同尺度空间结构影响热岛效应的文献回顾,有以下三个可以进一步提高的地方被总结出来以激励本书的研究:

第一,较少采用大样本分析、从多中心视角研究中国城市空间结构对热岛效应影响的文献。仅有三篇是从多中心视角切入的文献,其中两篇是单个城市的案例研究(Yang et al.，2016；Yue et al.，2019),另一篇是关于西方发达国家的城市研究(Debbage et al.,2015)。中国目前正处在快速城市化时期,大批的人口流向城市,在人口规模各异的城市中如何规划人口的空间布局以改善城市的热环境,成为政策制定者和城市规划者要思考和解决的重点问题之一。

第二,以往的相关研究并没有达成一致的结论,这可能是由于空间尺度和方法论的差异。热岛效应和空间结构都具有空间属性,而以往的文献很少考虑到城市和区域在热岛效应和空间结构量化上的差别。此外,在探讨空间结构对热岛强度的影响时,简单的数据统计如折线图、散点图、主观情景分析等无法客观地捕捉复杂的目标关系,进而导致擅长于此的计量多元回归没有得到广泛应用。

第三,虽然关于空间结构影响热岛效应的路径在一些文献中都有提及(刘焱序等,2017),但几乎都是基于理论假设和推导,缺少量化和实证研究。由于热岛效应给城市生态环境和居民的生产、生活带来的负面影响,寻找实证影响机制成为治理城市热岛效应的重要手段。

2.3 理论框架与研究假说

2.3.1 理论框架

如前文所述,除了极少数的城市生态因素(风、温度等),空间结构大多是通过影响中间因素(交通因素和工业企业的空间分布)来影响城市生态环境的,因此,在空间结构的生态绩效研究中,存在两种相关但有区别的影响效应,即总效应和机制传导效应,两者的大致关系为:空间结构对城市生态影响的总效应等于机制传导效应与直接效应之和(图2-5)。

1) 总效应

有关空间结构对城市生态影响的总效应已有较多研究,包括空间结构对城市风道、微气候、温度的直接影响效应,还有以交通出行行为和工业企业空间分布为中介变量的间接影响效应。从结论来看,实证结果参差不齐,支持单中心具有更优生态绩效的观点认为,单中心的人口空间结构具有更高的集聚经济,这会缩短出行距离、降低环保设施的建设成本、空间邻近也会提高个体的环保知识水平(郑怡林等,2018),提高能源的使用效率(陆铭等,2014)等,这都会提高城市的生态环境品质。另一种支持多中心具有更优生态绩效的观点认为,人口的过度集聚只会带来集聚不经济,造成生态环境遭破坏。因此,应当将去中心化与集聚结合起来,在城市中心保持适当集聚的同时,在外围形成若干副中心,这样既能享受集聚经济带来的优势,也能够避免集聚不经济(Han et al.,2020)。

因此,依据理论分析与归纳,本书实证的第一个问题是,在市辖区和市域尺度中,分别从城市空气污染、绿色空间建设和城市热岛效应三个方面对城市生态进行解构,探究到底是单中心还是多中心的人口分布结构具有空间结构生态绩效的理论框架图中文字：

单中心　多中心

空间结构

工业企业空间分布　　交通因素

集中分布　　分散分布

直接效应

正向
1.知识溢出
2.严格的环境规制
3.减少对外围地区的影响

负向
1.高地价提升企业环保成本
2.寻租，减弱环境规制惩罚
3.压缩城市中心绿色空间
4.企业热源集中

正向
1.企业有更多的资本用于环保投入
2.绿色空间进入城市中心地区
3.工业热源被分散

负向
1.环境规制程度下降
2.对公共物品绿色空间的支付意愿下降
3.可能提升城市整体的温度

出行行为　　基础设施

机制传导效应

总效应

城市生态

减污　空气污染　　增绿　绿色空间　　防灾　热岛效应

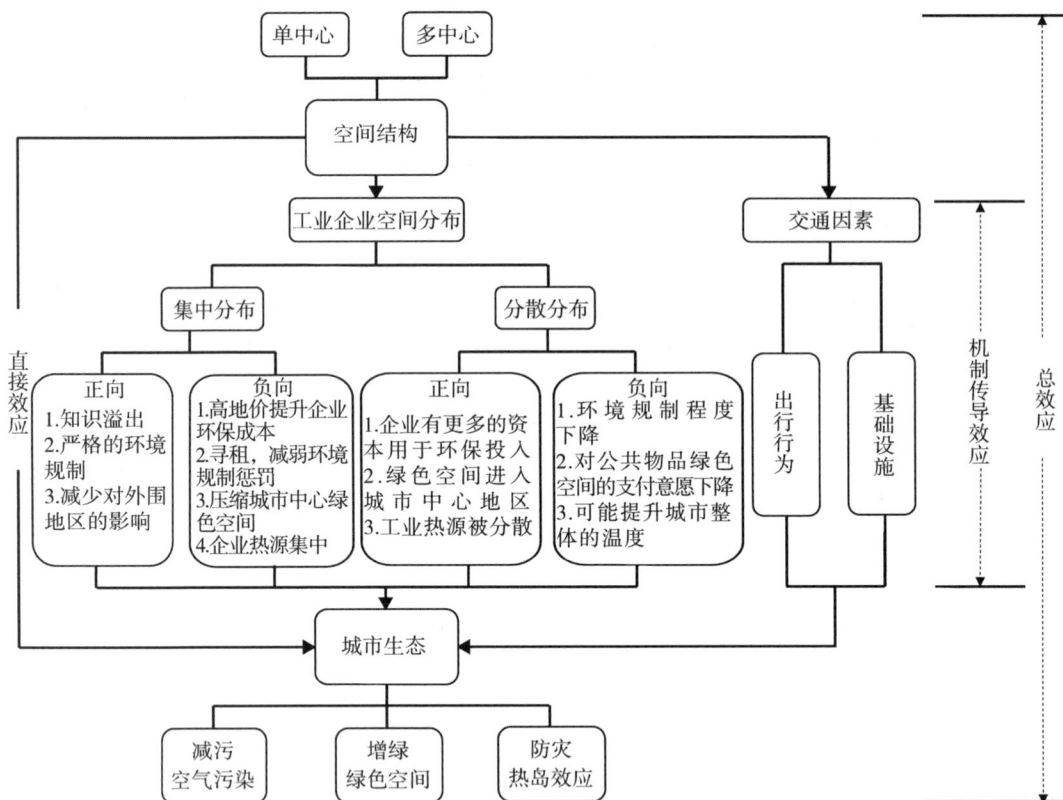

图 2-5　空间结构生态绩效的理论框架

更高的城市生态总效用。

2）直接效应

城市空间结构会直接影响风速风向、局部温度、绿地分布等（Xu et al.，2018）。通常而言，以高密度为主要特征的紧凑型发展结构，会显著降低城市内部的风速（Peng et al.，2018）；高大稠密的建筑物所形成的峡谷效应，反而会增大局部风速，进而造成大风灾害（Nakamura et al.，1988）；人类的生产和生活活动是城市的主要热源，高密度的集中分布会显著提升城市温度，而相对分散的人口分布会在分散热源的同时增加城市风道，从而改善热环境（Yue et al.，2019）；同时，人口也是主要的污染物排放源之一，集中分布会造成污染的集中（Han et al.，2019），特别是对于空气污染浓度而言，污染源的分散分布可能并不会形成严重污染，而集中分布则会形成污染，加重居民在污染环境中的暴露；对于影响居民身心健康和生活品质的绿地而言，高容积率必然带来绿地和开敞空间的减少，而低密度和低容积率则会显著增加绿色空间（袁媛等，2015）。更进一步来看，人口在空间的集中提高了中心地区的温度，这会增强城市的热岛效应，同时，上升气流会带来降雨，从而形成"雨岛效应"，加重城市的洪涝灾害（梁萍等，2011）。

3）机制传导效应

相对于直接效应,空间结构对城市生态的间接影响更受学术界的青睐。在空间结构间接影响城市生态的机制传导因素中,交通因素(包含出行行为和交通基础设施)和工业企业的空间布局被关注最多,本书重点探究空间结构是否通过影响工业企业的空间布局来影响城市的生态环境。

从前文描述可知,对于单中心而言,人口的空间集中会引致工业企业同样集中在城市中心地区。工业企业的空间集中,一方面会通过学习、匹配和分享(Duranton et al.,2004)来提高环保技术,空间邻近性也会使得政府部门的环境监管成本下降,这都会导致生态绩效提高;另一方面,虽然单位工业企业的排放量可能会降低,但是集中分布也会导致污染的集中,从而带来更大的负面影响。工业企业集中在城市中心会占据大量空间,从而减少绿地和开敞空间,更严重的会导致严重的城市热岛效应。对于多中心而言,工业企业会跟随相对分散的人口来到郊区的副中心,这会缓解降低单中心由于过度集中带来的生态弊端,但是也会由于环境规制的降低造成排放量增加。因此,工业企业的空间分布在空间结构和城市生态的作用关系中的机制传导效应,是本书实证的第二个关注点。

在研究框架中,需要注意区分机制传导效应与城市空气污染、绿色空间建设、城市热岛效应这三个城市生态评价要素的区别。机制传导效应是指空间结构对城市生态的间接影响,即空间结构不直接对城市生态要素产生影响,而是通过工业企业的空间分布来对生态要素产生影响。两者的区别在于,空间结构既可以对城市生态要素产生直接影响,也可以通过工业企业的空间分布对生态要素产生间接影响。

总之,在理论文献和实证文献评述的基础上,本书的理论框架被完整地建立起来。在总效应中,研究什么样的空间结构有利于提升城市的生态绩效是对本书的整体概括。在机制传导效应中,探索空间结构是如何影响城市生态要素的,以及工业企业的空间分布在作用关系中起到了什么作用。这两个理论框架既关注了整体的总效应,也进一步深入探索了影响机制。

2.3.2　空间结构的生态绩效假说

为了检验以上的理论框架,并弥补已有实证研究的不足,本书以中国地级及以上城市的市辖区和市域为研究样本,对比分析空间结构对城市生态的影响,重点检验了人口的单中心和多中心结构对于城市空气污染、绿色空间建设和城市热岛效应的影响。本书更进一步尝试验证了工业企业空间分布的机制传导效应,以此来探索空间结构生态绩效的影响机制,为城市空间规划提供更可靠的、更有信服力的证据。本书的假说如下:空间结构对城市生态的影响依赖于集聚经济与集聚不经济的均衡。

如前文理论所述,人口的空间集聚会带来集聚经济,有利于提升企业的环保技术、个人的环保意识;但是过量的人口集聚会造成集聚不经济、空气污染浓度升高、绿地遭破坏、城市热岛加剧等。特别是空间结构在不同的空间尺度上可能会有不同的生态绩效,例如,在尺度较小的市辖区,人口和企业数量较少,空间集聚更能带来集聚经济;但是在大尺度的市域,高密度的单中心结构可能会导致集聚不经济,从而加剧生态环境恶化。针对城市空气污染、绿色空间建设和城市热岛效应三种城市生态要素,本书分别提出如下三点假设:

(1) 空间结构对空气污染的影响取决于空间范围内集聚经济和集聚不经济的均衡。人口的集中和集聚会带来集聚经济,从而降低单个企业的污染物排放量,但是随着集聚的不断增强,交通拥堵加剧,排放的污染物也会不断集中、不易扩散,从而造成更严重的污染。因此,在小尺度的市辖区,强调空间集聚的单中心结构可能会有更优的空气质量;在大尺度的市域,去中心化的多中心结构可能会缓解集聚不经济,从而降低污染。

(2) 多中心的人口分布结构可能有利于提高绿色空间的面积占比和可达性。对于绿色空间值得注意两点:首先,合理的密度是绿色空间建设的基础。绿色空间属于公共物品,只有保持一定的人口密度,才能发展经济,促进绿色空间的建设;其次,高密度会挤出绿色空间,因为土地被用来建设不透水面,必然不能建设绿色空间。对于单中心结构而言,随着城市中心人口密度的增高,工业企业的数量和占地面积也会持续增加,而城市面积是不变的,就会造成绿色空间被挤出,其主要表现在两个方面:一是绿色空间被工业用地等不透水面所替代,面积减少;二是单中心的人口分布将工业企业吸引到城市中心,会将原本在城市中心的绿地挤到郊区,从而降低城市中心人的绿地可达性。人口相对均衡分布的多中心结构,既能通过去中心化降低城市中心的人口密度,在外围形成的副中心又能确保一定的经济发展能力,从而提高绿色空间的整体绩效。

(3) 多中心结构可能有利于降低城市热岛强度。城市热岛产生的直接原因是大量热源集中在城市中心,从而造成中心和外围的温度差。显然,单中心的人口结构与集中分布的工业企业会极大地增强热岛效应;而去中心化的多中心人口分布模式则会将部分的人为热源转移到郊区,从而平衡中心与外围的温度差,降低热岛强度。

2.3.3 机制研究假说

根据第 1.2.2 节的研究思路,本书将工业企业的空间分布作为机制传导因素,研究空间结构通过影响工业企业的空间分布来影响城市生态。针对工业企业空间分布的机制传导作用,本书做出如下假说:单中心的人口空间结构会导致工业企业集中分布,多中心的人口空间结构会造成工业企业去中心化。

人口是劳动力的来源,也是产品市场的主要承担者,因此,基于职住邻近、产城一体的原则,当人口集中于城市中心时,企业为了减少用工成本和运输成本,也会倾向于集中分布在城市中心;当人口分散到郊区的副中心时,郊区廉价的土地和邻近劳动力,也会促使工业企业呈去中心化分布。

空间结构通过影响工业企业在空间的集中或分散分布,来进一步影响城市生态的绩效,具体有以下三点假设:

（1）工业企业的集中或分散分布对空气污染有正向和负向的影响,因此,空间结构对空气污染影响的总效应取决于正效应和负效应的均衡。

（2）多中心结构将工业企业吸引到郊区的副中心,可能会提高绿色空间的面积占比和可达性。

（3）多中心通过将主要热源工业企业转移到郊区,平衡城市中心和外围的温度差,从而降低热岛强度。

需要注意的是,在空气污染的研究假说中,市辖区和市域的结论是不同的,这与绿色空间和热岛效应一致的结论不同。这是因为,对于绿色空间和热岛效应来说,工业企业空间分布的影响是明确的。例如,增加工业企业的数量,必然会占据更多的土地来建设不透水面,绿地相应地就会减少;同样的,作为城市的主要人为热源,一个地区工业企业的数量增加,该地区的温度必然会上升。因此,无论是在市辖区还是市域尺度,空间结构通过影响工业企业的空间布局来影响绿色空间和热岛效应的结果是明确且肯定的,与空间尺度的关系较小。但是,对于城市空气污染而言,小尺度的市辖区更容易因为人口的大量积聚达到集聚不经济,因此,当空间尺度扩大至市域时,需要通过去中心化的多中心结构来降低集聚不经济,从而达到降低空气污染的效果。

2.4 本章结论与启示

通过对城市内部空间结构和城市之间空间结构相关经典文献的回顾,梳理归纳了空间结构、工业企业的空间分布和城市生态之间的作用逻辑,并从实证视角回顾了空间结构对于城市空气污染、绿色空间建设和城市热岛效应的文献,归纳分析了可以进一步提高的地方。基于理论和实证文献,本书提出了空间结构影响城市生态,以及工业企业空间分布机制传导效应的理论框架与研究假说。本书发现空间结构在不同空间尺度上存在异质性,并且工业企业的空间分布作为机制传导因素,承担了空间结构对城市生态影响的桥梁作用。基于以上理论和实证文献整理,以下几点结论启发了后文城市空间结构生态绩效的实证研究:

空间结构在空间尺度上具有异质性,城市内部和城市之间的空间结构需要分开考虑。不同空间尺度不仅仅是对应于不同的研究空间单元,更为重要的是两者适用的量化方法论不同。对于单个城市而言,基于竞租理论和集聚经济的区位迁移驱动了城市内部空间结构由单中心向多中心的转变,因此,城市内部空间结构的量化需要细分城市空间,利用城市内部大量的人口位置或迁移信息来判断空间结构;而城市之间的空间结构则产生于拥有多个城市的区域,基于规模报酬递增和集聚经济形成网络状形态。因此,城市之间空间结构的量化依赖于城市规模分布或城市体系研究方法,不必细分城市内部空间。因此,基于空间尺度的差异性,城市内部空间结构量化的基础是单个或完整的城市和具有细分城市内部空间的量化方法;城市之间结构量化的基础是体系化的城市区域和具有城市规模分布特征的量化方法。

空间结构通过工业企业的空间分布影响城市生态,这需要增加对工业企业的空间分布作为影响机制的研究。以往的文献较多地关注了交通在空间结构和城市污染之间的机制影响(Lee et al.,2014),而工业企业区位选择的作用则较少被关注。在对工业企业空间分布的机制传导作用相关理论文献分析的基础上发现:第一,空间结构对工业企业空间分布的影响主要体现在向心力和离心力两个方面。一方面,向心力将工业企业聚集在城市中心地区,而在集聚不经济后,离心力作为主要动力将工业企业分散到城市中心外围。第二,工业企业的空间分布进一步影响城市生态,空间结构对城市生态的最终影响取决于正向影响和负向影响的均衡。另外,交通行为较多地受个人特征和意愿的影响,这种"用脚投票"式的政策选项的可操作性并不强,而中国的工业企业选址受规划和政策的影响较大,通过工业企业区位调整以实现城市生态品质的提升,具有很大的政策潜力。

工业企业的空间分布自洽于本书构建的城市生态统一分析框架。在以往的研究文献中,交通作为机制传导变量通常出现在空间结构与空气污染的研究中,而对于绿色空间建设和城市热岛效应的相关研究则极少涉及。而工业企业不仅会影响城市空气污染程度,其作为空间实体和重要热源还会影响绿色空间建设和城市热岛效应,因此,工业企业在空间的选址和迁移完整地融合于本书所构建的城市生态内涵框架中。对于政策设计而言,通过对工业企业位置的调整,可以同时影响整体的城市生态,不会出现"顾头不顾脚"的状况,具有较好的政策塑造性。

3 空间结构的特征与基本事实

改革开放以来,行政区划和户籍对人口流动的限制越来越小,加之市场经济在资源配置中逐渐起到决定性作用,中国的人口从西部和中部向东部转移、农村向城市转移、普通城市向大型城市转移的趋势愈加明显。2011 年,中国的城市人口超过农村人口,中国正式进入"城市时代"。除了城市之间的人口流动,城市内部人口的空间分布也发生了变化,在传统的城市中心之外,许多城市(特别是大城市)开始开发新城新区以疏散中心城区的人口和产业压力(叶昌东等,2014)。

空间结构调整在一定程度上是为了缓解和克服城市生态问题,而了解空间结构的特征和演变是研究两者联系的基础,本章的设计宗旨和研究目标便是如此。第 3.1 节介绍了城市空间结构的概念与特征,在此基础上辨析了其与紧凑、蔓延、规模密度的差异;同时描述了空间结构的形态和功能特征。第 3.2 节交代了市辖区和市域的研究单元与子单元,以及用于计算空间结构指数的 LandScan 全球人口分布数据。第 3.3 节和第 3.4 节这两个部分分别介绍了市辖区和市域尺度上的空间结构指数计算方法和时空演化特征。第 3.5 节是有关本章的结论与启示。本章的研究目标包括两点:第一,描述城市空间结构的概念、研究单元、空间尺度、量化方法、数据来源等;第二,提供地级及以上城市空间结构时空演化的特征,为后文探究空间结构对城市空气污染、绿色空间建设和城市热岛效应的影响打下坚实的基础。

3.1 空间结构的概念辨析与特征

3.1.1 空间结构的概念辨析

空间结构并没有一个明确的定义,但是至少明确地包含两个要素:一是城市要素主体,主要是人口、就业、企业、土地利用、经济产出等,空间结构即以这些要素为研究对象;二是空间分布,城市要素在城市范围内的组织形态。例如,安德森等(Anderson et al.,1996)认为城市形态(urban form)是大都市区范围内固定要素(fixed elements)的空间形态(spatial configuration);安纳斯等(Anas et al.,1998)称城市空间结构为"人口或就业的空间集聚程度"(the degree of spatial concentration of urban population and employment)。空间结构按照组织形式,包括多中心、单中心结构,蔓延、均匀分布、条带状等,本书主要从人口要素的角度研究单中心和多中心城市空间结构。

多中心结构的基本思想是,在一个地理范围内,有多个中心(城市)聚集在一起,并相互起作用(van Oort et al.,2010),而单中心结构则强调地理范围内唯一强大的中心。两者的区别在于,单中心结构要求所有的要素(如人口)在地理空间上都高度集中,形成高密度的城市中心,而多中心结构则允许要素适度地分散在距离中央商务区一定距离的外围地区,形成多个中等密度的副中心。

除了本书关注的单中心结构和多中心结构外,空间结构的其他维度,如紧凑、蔓延,也受到了较多的关注,这些维度与单中心和多中心结构相关但又有区别,因此,接下来本小节会阐述紧凑和蔓延的主要特征,以及两者与单中心、多中心结构的区别,以此达到更深的理解。

1) 紧凑形态

紧凑(compact)的概念来自精明增长(smart growth),指在城市建设过程中,要集聚布局,反对低密度建设(李琬,2018)。紧凑发展的主要特征是,人口或就业不是均匀分布和低密度地无规律分布,而是相对集中分布在一个或几个中心(王丹等,2007)。从相似性的角度来看,单中心和多中心结构实质上都是紧凑形态,二者之间的区别在于单中心结构是人口集中在城市的一个中心,而多中心结构则表现为人口分布于多个紧凑的中心。从区别来看,紧凑是一个整体尺度上的"平均化"概念,因此,在很多文献中使用"密度"来量化(程开明,2011;李顺成等,2017),而单中心和多中心结构则强调紧凑的结构,是紧凑在一个中心,还是紧凑在多个中心。

2) 蔓延形态

蔓延(sprawl)与紧凑相对,是指城市要素在离开城市中心后低密度的、无规律地分布。依托于精明增长理念,紧凑发展模式通常是城市规划的产物(马强等,2004),而蔓延则多是无规划或规划失控情况下产生的,在大多数研究中发现,蔓延的绩效多以负面为主,例如,蔓延会提高家庭碳排放水平(刘修岩等,2016)、加重城市雾霾(秦蒙等,2016)、增加交通出行距离(Ewing et al.,2003)等。在与单中心和多中心结构的对比中发现,当集中在城市中心的人口发生去中心化时,如果人口少量外迁,且集聚在距离城市中心不远的地方,那么这就是单中心结构;如果人口外迁且在城市外围形成若干个集聚副中心,那么就形成多中心结构;如果人口在外围杂乱无章地、低密度地分布,就称之为蔓延。

除了紧凑和蔓延形态,规模和密度也常被各种研究提起。规模表示空间范围内的人口数量,而密度表示单位面积上的人口数,两者都表征一种整体的、平均的概念,并不关注局部和细节。由于土地面积一定,通常人口规模大的城市,其人口密度也相对较高,因此两者呈正相关关系。单中心和多中心结构既有整体上紧凑的内涵,又在布局上附加了高密度的意义。从区别上看,人口规模大(或密度高)的城市,有可能是单中心结构,也有可能是多中心结构,两者没有一一对应的关系。

3.1.2 空间结构的特征

如前所述,多中心结构通常被认为是多个不同的、相互分离的中心(centre)组成的体系,这个体系在规模上呈现出较为平均或平缓的"层级"(hierarchy)。那么如何定义"层级"和"中心",就涉及空间结构最常见的分类方法:形态(morphology)和功能(function)(Veneri et al.,2012)。

一方面,当"层级"被认为是规模(如人口数量)时,空间结构就表现为形态维度。形态多中心结构需要各个中心在规模上大致相等,没有明显突出的头部中心,彼此之间互相分离但距离适中;而形态单中心结构内的中心规模存在较大差异,即彼此之间存在一个明显的主中心。另一方面,如果"层级"被认为是中心之间的联系强度,那么空间结构就表现为功能维度。功能侧重于各个中心之间的联系强度和方向,功能多中心结构是指各个中心之间的联系强度分布得较为均匀,成网络状,没有明显的集中指向性,不存在绝对重要的中心节点;而功能单中心结构则表现为主中心承担了与各个次中心发生联系的任务,地区内的联系均集中指向主中心,而各个次中心之间联系较少。

除了"层级",城市中心的定义也影响了空间结构的分类。无论是在单中心还是多中心结构中,如果该中心是由于人口或就业空间集聚而形成的城市集聚体(urban agglomeration),具有空间物质属性,那么该空间结构就属于形态型;如果该中心是由于成为周围地区的供应集散地而形成,那么该空间结构就属于功能型(图3-1)。

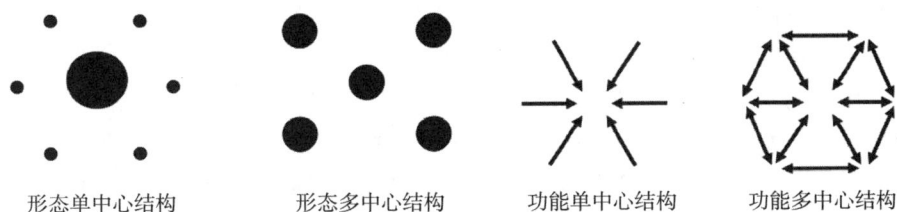

形态单中心结构　　　　形态多中心结构　　　　功能单中心结构　　　　功能多中心结构

图3-1　形态与功能单中心、多中心结构

空间结构形态与功能分类之间的差异巨大,但两者并没有高下之分,都是衡量和描述城市要素空间分布的一个维度。由于形态维度的数据易于获取,如人口规模、就业规模、企业数量等,很多学者在定义单中心、多中心结构时往往只强调其形态属性,甚至有研究将单中心、多中心结构的定义和特征限定在形态维度。基于数据可得,本书也将从形态维度研究单中心、多中心结构的生态绩效。

3.2 空间结构的研究单元与数据

如第 2.1.1 节的空间结构相关经典理论所述,城市内部和城市之间空间结构的演变动力和演变形式在不同空间尺度上存在显著差异,这就决定了不同空间尺度的空间结构测度需要采用相对应的、有区别的方法。在阐述研究方法之前,本节需要厘清测度市辖区和市域空间结构的研究单元和子单元。

3.2.1 研究单元:市辖区与市域

对空间结构的认知在很大程度上依赖于空间尺度。例如,多中心结构的城市市辖区,随着空间尺度的不断扩大,越来越多的中小城市进入空间范围内,这会使得原多中心结构中的"头部城市"愈发突出,从而形成区域单中心结构。虽然空间结构在全球、大洲域等地理尺度上被讨论过,但是城市尺度依然是空间结构最重要的空间载体。

"城市"这一空间尺度主要分为行政地域、功能地域和实体地域(景观地域)三种界定类型(周一星等,1995)。行政地域是指一个城市在国家行政区划法规规定下所管辖的地域范围。在中国的行政区划语境下,"城市"通常是指地级及以上城市,主要包含两个维度:第一,城市市辖区,在此范围内,人口、基础设施、城市景观等要素类型全面且完整,空间分布较为连续;第二,城市市域,本质上是区域的概念,包括市辖区、县和县级市,是在同一个地级市政府管辖区内的一整套城市体系。因此,从行政区划的视角来看,城市市域也属于"城市"的范畴。功能地域是指一个人口就业核心所能波及的范围,核心和腹地之间有紧密的通勤、客货运联系,如美国的大都市区(metropolitan area)概念,而我国目前还没有类似的空间应用。建成区属于城市实体地域的范畴,目前只有中国城市统计年鉴等一些统计报告中汇报了建成区的人口数量等数据,但没有给出具体的建成区空间范围和边界,无法实现全国范围内所有城市建成区的空间识别。因此,本书选取地级及以上城市作为"城市"的空间范围,市辖区和市域就分别作为城市内部和城市之间的空间范围使用,主要原因如下:

(1)市辖区是相对同质的地域实体,是中国城市行政区划语境下最接近城市实体的概念。虽然中国城市的市辖区可能是由多个"区"组合而成,但是各个区之间的城市景观连续性较好,没有出现大片的农村景观(如耕地、山川等),因此,市辖区作为城市景观连续、不间断分布的有机整体,是人口活动的高密度地区,适合作为单个城市内部空间结构的研究单元。同时,基于行政区划的市辖区范围,其经济社会数据易得,便于后文的量化回归。凤泉区、牧野区、卫滨区和红旗区共同组成河南省新乡市的市辖区,在后文的分析中,这个市辖区范围就作为城市内部空间结构的研究单元。

（2）城市市域是同一个市政府管辖下的对内紧密联系、对外相对独立的城市体系,适宜作为城市之间空间结构的分析单元。城市市域内的市辖区、县和县级市都是具有完整城市功能和城市景观特征的行政区,相互之间在贸易交流、交通联系和人口流动方面联系密切。城市市域对外具有独立性,中国具有明显的行政区经济特征,地级市相互之间形成了严重的经济壁垒(游细斌等,2005)。新乡市的城市市域包含市辖区、县、县级市,在后文的分析中,城市市域就作为城市之间空间结构的研究单元。

（3）研究城市市辖区、市域的人口空间组织结构具有政策意义。首先,市辖区是我国城市化发展的主要载体,其经济、社会和环境发展水平直接关系到我国城市可持续发展的水平(张婷麟,2019)。同样,多数城市治理措施也最终在城市市辖区尺度上实施,例如,因为交通拥堵和环境污染而实施的交通限行和机动车单双号出行,2014 年国务院以"城区"尺度重新划分的城市规模,而"城区"的主体即是指市辖区。其次,中国的省域面积较大,省很难直接对县和县级市进行直接管理,而市管县(市)作为我国目前行政体制的主体(全伟,2002;何显明,2004),市域很好地协调和缓冲了省与县、县级市之间的治理关系,几乎所有自上而下的城市治理措施都需要经过地级市市域。因此,市辖区和市域分别作为单个城市和城市区域的对应研究单元,其研究结论可以为政府部门或城市规划部门通过调节空间结构以提高城市生态质量提供政策参考。

（4）市辖区和市域作为城市内部和城市之间空间结构研究的空间载体,能够弥补目前该领域内研究的空白。空间结构具有尺度依赖性,而空间尺度也具有地区适用性。区别于发达国家的大都市区尺度,中国的"城市"包含市辖区和市域两种尺度,其分别对应了单个城市和城市区域,这具有中国的行政区划特色,而同时比较这两者空间结构生态绩效的研究较为鲜见。本书的"市辖区—市域"空间尺度研究为完整的空间尺度链(城市内—市域—省/城市群—国家)提供了直接的证据和支撑。

另外,本书主要涉及两个研究尺度,即城市内部和城市之间,这对应于两个行政区划尺度,即市辖区和市域,同时这两个尺度也分别对应于单个城市和多个城市。由于相关的名词较多,本书提供下表以澄清,尺度 1 和尺度 2 语境下的不同表达具有对应关系和相似性(表 3-1)。

表 3-1　本书语境下城市尺度的不同表达

类别	研究尺度	行政区划尺度	城市数目	核心地区的描述
尺度 1	城市内部	地级市市辖区	单个城市	城市中心
尺度 2	城市之间	地级市市域	多个城市	主中心

为了减少行政区划变动对空间结构测度的影响,本书统一采用 2010 年的行政区划作为标准底图,以此计算历年的空间结构指数。《中国城市

统计年鉴:2011》所示,2010 年,中国共有 4 个直辖市、15 个副省级城市、268 个地级市以及 370 个县级市,其中地级及以上城市共有 287 个。在 287 个地级及以上城市中,东莞市、中山市和嘉峪关市俗称"直筒子市",没有市辖区,且由于数据缺失,巢湖市也被剔出,因此在量化市辖区空间结构中,共计 283 个城市进入样本中。市域尺度空间结构的量化涉及市辖区、县和县级市,而乌海市、莱芜市、珠海市、佛山市、深圳市、鄂州市、武汉市、厦门市、海口市、三亚市、东莞市、中山市、嘉峪关市和克拉玛依市没有市辖区,或没有县、县级市,且由于数据缺失,巢湖市也被剔出,因此,共有 272 个研究样本用于市域空间结构的量化。市辖区样本城市和市域样本城市的名单详见附录 2。

3.2.2 研究的子单元

除了确定市辖区和市域作为空间结构研究的整体分析单元,确定其内部的子单元也是测度空间结构的重要前提。在以往的研究中,主要包含两种城市内部子单元的选择方法:一是选择次一级的城市或者行政单元作为子单元,如张婷麟(2015)以中国地级城市市辖区的辖区数目作为政府碎化的代理变量,研究了市辖区地方官员竞争对于整体经济增长的影响。二是采用网格(grid)、邮政编码区、普查区作为基本子单元,通过门槛值法、非参数模型等方法识别城市中心(Giuliano et al., 1991;Anderson et al., 2001;McMillen, 2001;Sun et al., 2020b)。李迎成等(Li et al., 2019)将市辖区划分为 1 km×1 km 的网格,以此网格作为空间子单元,进而测度城市的空间结构系数;张婷麟(2019)计算了市辖区每个邮政编码区的就业人数,以邮政编码区作为空间子单元计算了市辖区的空间集中程度和集聚程度。

据此,本书在研究市辖区尺度时,将采取第二种方法,以 1 km×1 km 的空间网格作为研究的子单元;而在研究市域尺度时,将采用第一种方法,以市域范围内的市辖区、县和县级市作为研究的子单元。这样选择的原因在于,整个市辖区作为单个城市,面积较小,如果以"区"(如上海市黄浦区)为子单元,很多城市市辖区的子单元个数过少,粗糙的分类会导致严重的量化误差。因此,在市辖区内,以空间网格的方式划分子单元就可以保证每个城市市辖区拥有一定数量的子单元,且显著提高量化精度。而中国地级城市市域的面积较大,依据后文可知,市域空间结构的测度方法并不要求精细的子单元空间尺度,因此,将市辖区、县和县级市作为市域量化空间结构的子单元。

3.2.3 数据来源

在以往文献中,空间结构的认知和测度基于各种城市要素,比如,人口、就业、土地利用、兴趣点（Point of Interest，POI）、企业等。本书选择使用人口数据来认知和测度城市空间结构的主要原因在于：第一，就业、土地利用、POI和企业等空间数据无法与工业企业的空间分布（本书设计的中介变量）剥离干净，这会导致后文机制传导研究的逻辑混乱；第二，长时间序列的空间细分人口数据可得。对于就业数据而言，目前可得的经济普查数据所提供的2004年、2008年、2013年三年的企业就业数量数据，并不符合后文长时期面板数据模型的要求；土地利用和POI数据难以获取全国城市层面的全样本数据。因此，人口数据就成为研究城市空间结构的数据基础。

本书用来计算城市空间结构的人口数据来自LandScan全球人口分布数据集，分辨率为1 km×1 km，是全球目前可用的最高分辨率人口分布数据。LandScan作为美国橡树岭国家实验室（Oak Ridge National Laboratory）人口动态统计分析项目的一部分，采用遥感影像、地理信息系统和多元分区密度模型相结合的方法，使用各国、各地区的人口普查数据和行政区划数据，并整合了辅助数据，如土地覆盖、道路、坡度、市区、村庄位置等高分辨率图像信息，进行年度更新。对于可能出现的位置或属性异常，LandScan采取手动验证的方法，以提高人口分布的空间精度和相对大小。

图3-2对比了来自LandScan全球人口分布数据集和中国城市统计年鉴对应年份的市辖区和市域人口数，可以看出，LandScan全球人口分布数据集中的人口数与中国城市统计年鉴中的人口数总体上非常接近，这从侧面印证了LandScan全球人口分布数据集的可靠性，但是在市辖区尺度上，历年的LandScan全球人口分布数据都大于中国城市统计年鉴中的人口数，这是因为中国城市统计年鉴中的是户籍人口，而LandScan全球人口分布数据集是基于人口普查计算得来的，通常情况下，市辖区是外来人口的主要集中地，所以户籍人口会小于常住人口（汪明峰等，2015）。

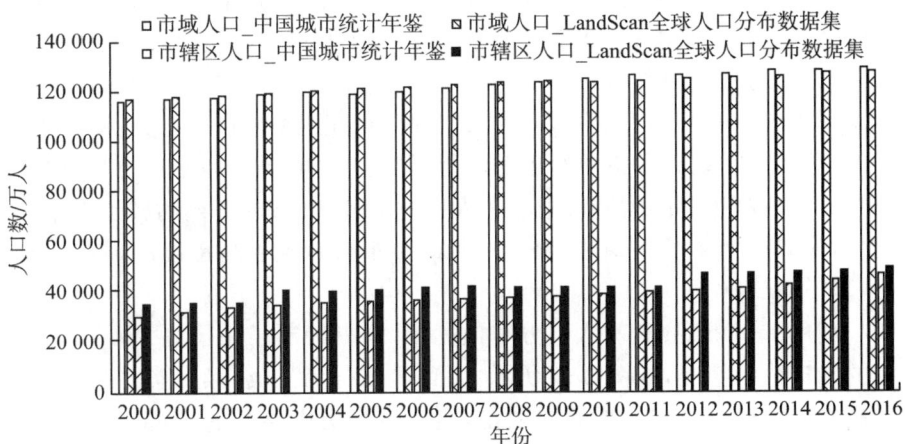

图3-2　LandScan全球人口分布数据集和中国城市统计年鉴人口数对比

以 2016 年为例,本书经统计发现,市辖区的人口密度整体高于市域;无论是在市辖区还是在市域尺度,华北地区、长三角地区、成渝城市群以及珠三角地区的人口密度都高于其他地区,这也基本符合中国的人口分布国情。

3.3 空间结构的测度

3.3.1 市辖区尺度

1)单中心视角下的城市空间结构

单中心结构测度的关键词是"距离",与之对应的量化指标为"集中度",即人口随着远离城市中心的变化程度。最常用的统计指标为人口梯度,即人口密度与距离之间的函数关系(Freedman,1975;Cheng,2009)。如图 3-3 所示,人口越集中在城市中心附近,函数图形越倾斜且右移[图 3-3(c)];人口越均匀分布,函数图形越水平[图 3-3(b)]。

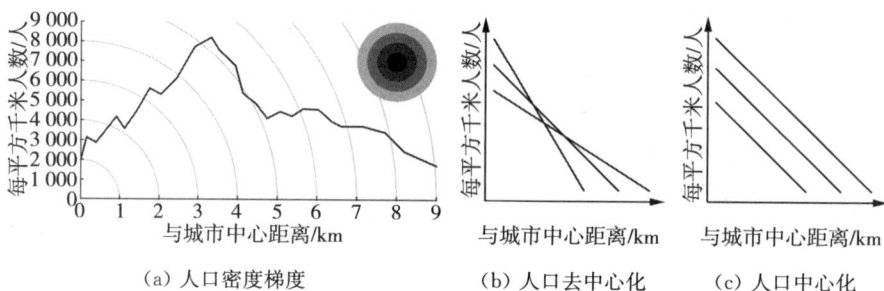

（a）人口密度梯度　　（b）人口去中心化　　（c）人口中心化

图 3-3　抽象的人口密度梯度示意

图 3-4 展示了世界主要国家的九个城市中人口密度随距离的变化情况。从中可以看出,亚特兰大与洛杉矶属于蔓延型,城市没有明显的人口集中区,从内向外人口密度的变化非常小,函数曲线斜率几乎平直;巴黎、华沙、巴塞罗那、雅加达、北京和曼谷属于高度集中型结构,城市只有一个中心,人口密度从中心向外依次递减,但区别在于,巴黎、华沙、巴塞罗那和北京属于单中心结构,几乎所有的人口都分布在距离城市中心 20 km 的范围内,空间上呈现高度集中的形态,而雅加达与曼谷属于单中心分散结构,即同时出现高集中度的城市中心和人口适度分布的郊区;纽约属于多中心结构,人口在距离城市中心 10—15 km 的外围形成了高密度的城市次中心,呈"双峰"状。

利用 LandScan 全球人口分布数据集,本书绘制了中国九个城市市辖区的人口分布情况,如图 3-5 所示,大致可以分为三类:第一类,集中程度最高的西安市。一个可能的原因是,西安市是历史悠久的古都,市辖区内保留有相对完整的城墙遗址,且当地人习惯以城墙作为市区与郊区的分界线,交通和生活基础设施也大多分布在城墙内,因此人口高度集中在有限

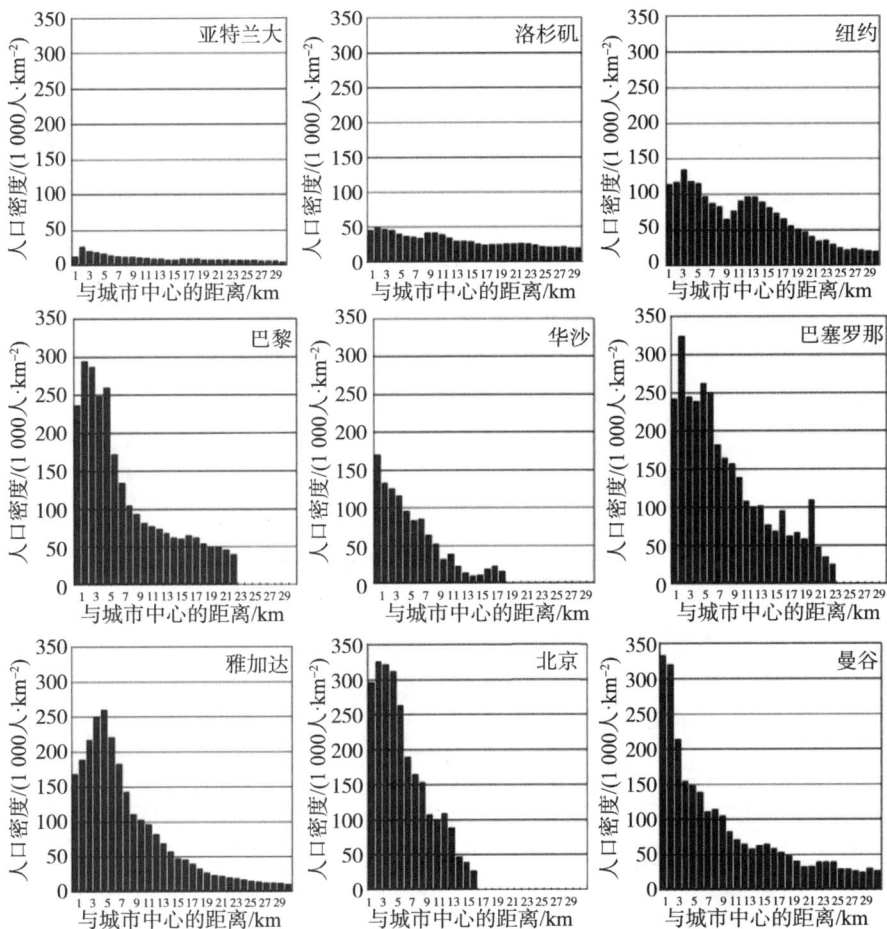

图 3-4　1990 年世界九大主要城市人口分布集中程度

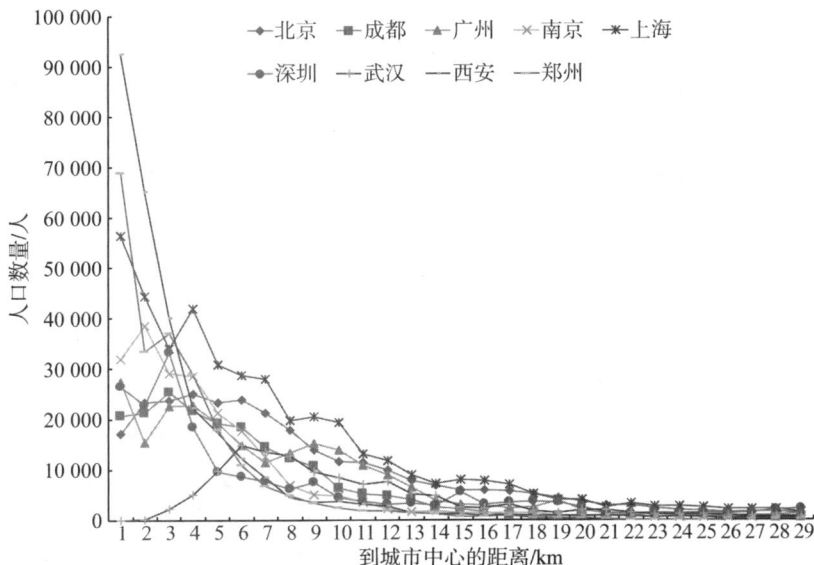

图 3-5　中国九大城市人口分布集中程度

的区域内(周江评等,2013;张婷麟,2019)。第二类,上海、郑州和武汉的去中心化趋势明显。由于长江与汉江交汇于武汉,武昌、汉阳和汉口呈三足鼎立之势共同组成武汉的市辖区,因此,武汉的城市中心人口并不稠密,反而是在距离城市中心3—10 km处形成人口密度的高峰。上海和郑州是典型的政策驱动型城市,分别受益于浦东大开发和郑东新区建设,在距离城市中心3—5 km处形成城市次中心。第三类,北京、成都、广州、南京和深圳都处于平原地区,城市中人口的分布从城市中心向外依次递减。但是其中一些城市(如北京),由于过度的集中,城市病严重,交通拥堵和环境污染促使这些城市正在进行功能疏解,将制造业等企业分散到郊区或邻近地区,比如兴建的河北雄安新区。

克拉克(Clark,1951)提出了城市内部距离与密度的函数关系式:

$$y = Ae^{-bx} \qquad (3-1)$$

其中,y 是人口密度;x 是与城市中心的距离;A 是常系数;b 为待估系数。该模型被广泛应用于中国的城市空间测度中(Wang et al.,1999;沈建法等,2000;谢守红等,2006)。但是,面对去中心化和边缘城市的兴起,这种单一维度的线性测度方法已经不能适应如今中国城市的发展现状了,因此,亟须一种多维度的、能够将去中心化考虑进去的多中心测度方法。

2)多中心视角下的城市空间结构

单一维度的集中化已经不能满足现代城市空间结构的演变需求,能够反映郊区次中心形成的多维测度方法已经成为研究热点,这需要解决两个维度的问题:首先,集中和分散维度。这已经在上一部分讨论过,主要考虑人口在多大程度上集中在主中心附近,关键词是"集中"(centralization)。其次,在主中心外围,是否形成次中心?即外围人口在多大程度上不均匀分布,关键词是"集聚"(concentration)。为此,本书考虑采用一组(两个)指标来共同反映市辖区的集中程度和集聚程度,以此量化空间结构。

安纳斯等(Anas et al.,1998)对空间结构的定义包含两个维度:集中—去中心化维度(centralization-decentralization)和集聚—分散维度(concentration-dispersion)。人口不断向城市中心集中,随着集聚不经济发生,人口开始向外围地区分散。如图3-6所示,如果疏散的人口在主中心附近集聚,且主中心与次中心空间邻近,那么就称此种空间分布为单中心结构(第一象限);如果疏散的人口随机地散落在主中心附近,那么就称之为单中心分散结构(第二象限);如果疏散的人口散落在远离主中心的郊区,那么就称之为蔓延(第三象限);如果疏散的人口在距离主中心一定距离的地方重新集聚,进而形成次中心,那么这种空间结构就被称为多中心(第四象限)。虽然所有空间结构被"一刀切"地分为了四种类型,但是在实际计算中,集中—去中心化维度和集聚—分散维度是两个连续变化的指标,也就是说,指数的大小只在对比中具有相对意义,表明集中或集聚程度的高低差异,而不存在绝对的高集中度或高集聚度。

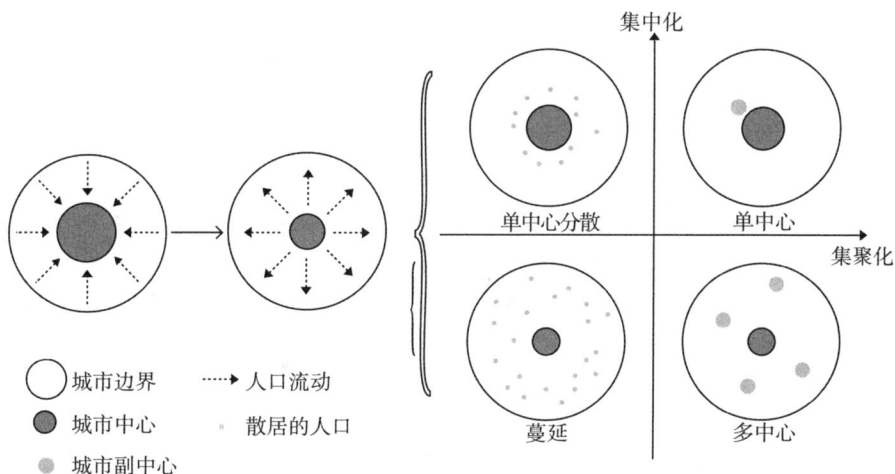

图 3-6　多中心视角下的空间结构图解

在具体的量化指标选择中,本书使用修正的惠顿(Wheaton)指数(Modified Wheaton Index,MWI)(Wheaton,2004)、基于面积的集中指数(Area-based Centralization Index,ACI)(Massey et al.,1988)和基于修正后距离的集中指数(Weighted Average Distance from the CBD,MADC)(Galster et al.,2001),三个指数分别独立测度空间结构的集中维度。MWI、ACI 和 MADC 测度从城市中心到城市边缘(通常是从中央商务区到城市边缘),城市人口的累计比例增长速度。MWI 和 ACI 数值越大,说明更多的人口集中在城市中心附近,指数越小,说明越多的人口分布在远离城市中心的地方;MADC 代表的含义与上述正好相反。本书使用基尼(Gini)系数(Gordon et al.,1986;Small et al.,1994)和德尔塔(Delta)指数(Galster et al.,2001)来分别独立地测度空间结构的集聚维度。Gini 系数和 Delta 指数测度人口在城市中的不均衡分布程度,指数越大,说明人口越不成比例地分布;指数越小,说明人口分布得越均匀。这些指数的计算方法如下所列:

$$MWI = \frac{\sum_{i=1}^{n}\sum_{i-1}D_{\mathrm{CBD}_i} - \sum_{i=1}^{n}E_i \times D_{\mathrm{CBD}_{i-1}}}{D_{\mathrm{CBD}}{}^*} \tag{3-2}$$

$$\mathrm{MADC} = \sum_{i=1}^{n} e_i D_{\mathrm{CBD}_i}/E \tag{3-3}$$

$$\mathrm{ACI} = \sum_{i=1}^{n} E_{i-1}A_i - \sum_{i=1}^{n} E_i A_{i-1} \tag{3-4}$$

$$\mathrm{GINI} = \sum_{i=1}^{n} E_i A_{i-1} - \sum_{i=1}^{n} E_{i-1}A_i \tag{3-5}$$

$$\mathrm{DELTA} = \frac{1}{2} \times \sum_{i=1}^{n} \left| \frac{e_i}{E} - \frac{a_i}{A} \right| \tag{3-6}$$

其中，e_i 是城市栅格 i 中的人数；E 是城市总人数；E_i 是排序后栅格 i 的人数累计占比；a_i 是栅格 i 的面积；A_i 是排序后栅格 i 的面积的累计占比；D_{CBD_i} 是栅格 i 与中央商务区的距离；D_{CBD}^* 表示最远的栅格与中央商务区的距离；n 是城市中栅格的数量。

在实际计算中，本书保留了一个包含排序后人口累计占比 98% 的城市虚拟边界，排除了城市行政区域内处于边远地区的零散人口，以此在最大程度上将行政区边界与功能区边界匹配起来（Wheaton，2004）。这五个指数的具体计算方法与步骤详见附录 3。

3.3.2 市域尺度

不同于城市内部人口分布的动态性，市域内各个城市子单元（包括市辖区、县和县级市）的空间位置是相对固定的，除了少数的行政区划调整，极少会出现新生或消失的情况。那么，市域内空间结构的变化就体现为各个城市规模或密度的变化，即各个城市互相之间"相对重要性"的变化（Liu et al.，2015）。这个"重要性"通常被量化为就业量、人口规模、经济产出等（Sun et al.，2020b）。

图 3-7 展示了中国市域内子单元的人口平均占比情况。由于不同地级市市域内子单元的数量不同，这里只汇报了人口占比前 10 位子单元的人口分布情况。从图中可以看出，排序第一的子单位的人口在市域中占据显著的主导地位，占比从 2000 年的 12.5% 上升到 2016 年的 13%，说明中国地级市市域尺度的人口逐渐向主中心集中。除此之外，其他子单位的人口占比都在 5% 以下。综上可以看出，中国地级及以上市域的空间结构呈现出相对单中心的形态，而且首位子单元的"相对重要性"远远高于排名靠后的子单元。

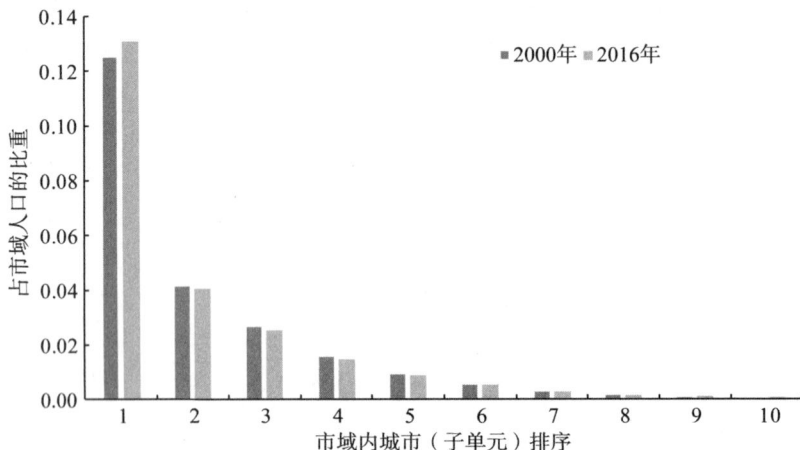

图 3-7　中国市域人口分布

除了整体分析中国市域人口的空间分布，图 3-8 还展示了九个典型城市市域内子单元的人口分布情况。如图所示，这些城市大致可以分为两类;第一类,相对单中心的市域,包括北京、广州、南京、上海和西安。这些城市市域内,排名首位的子单元人口占比基本在75%以上,而排名第二位的子单元人口占比在5%左右,这说明市域内超过3/4的人口都集中在首位子单元内(通常是市辖区),而排名第二位的子单元似乎不具有"重要性"。第二类,相对多中心的市域,包括长沙、成都、苏州和郑州。这些城市市域内排名首位的子单元人口占比基本在40%—50%,且排名第二位的子单元人口占比在10%—20%,这些市域的人口在不同子单元间的分布相对均衡,没有子单元拥有绝对的主导地位。

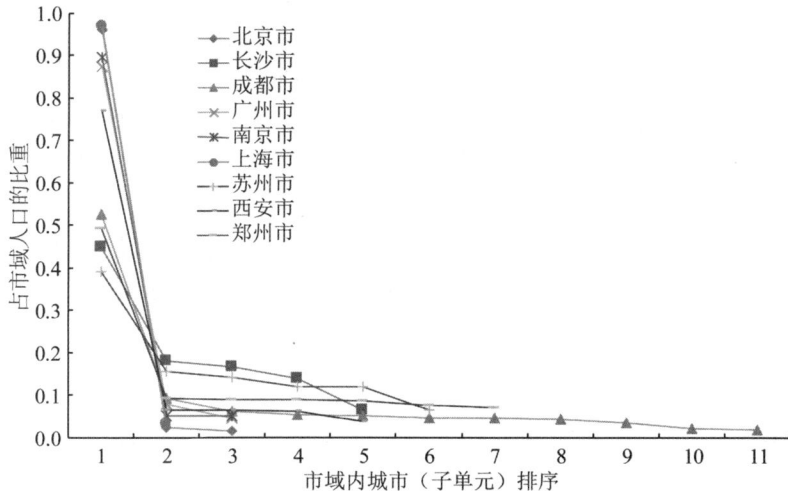

图3-8　中国九大城市市域人口分布

综上可以看出:第一,中国市域空间结构可以通过不同子单元间人口分布比例的比较计算得来;第二,各个市域所包含的子单元数目不同,首位或前两位子单元的人口分布可以最大限度地代表整个市域的人口空间分布;第三,市域结构的单中心和多中心程度是一种相对概念,并不具有绝对意义。例如,在图3-8中,成都相对于上海来说是多中心结构,但是相对于苏州来说更加多中心;2016年成都市域的空间结构相对于2000年更加单中心,但并不能单纯地说2016年成都市域的空间结构是单中心。

通过量化区域内子单元人口占比的分布来测度区域空间结构的方法有很多,主要包括首位度指数、赫芬达尔—赫斯曼指数、基尼系数等。首位度指数描述了区域内首位城市的"相对重要性",是测度区域单中心/多中心最常用的指标(Veneri et al.,2012;Brezzi et al.,2015),其计算方法为

$$\text{primacy} = \frac{S_1}{S} \tag{3-7}$$

其中,primacy表示区域的首位度指数;S_1是区域内人口规模排名首位子单元的人口规模;S是区域总人口。primacy越大,表示区域内首位子单元的人口占比越高,区域越倾向于单中心结构;primacy越小,意味着区域内没有绝对主导的子单元,表示区域越倾向于呈多中心分布。

赫芬达尔—赫斯曼指数(Herfindahl-Hirschman Index,HHI)是各个子单元占区域总体比例的平方和加总,通常用来测度产业的集中程度(Sleuwaegen et al.,1986;Kanagala et al.,2004),近年来也被用来测度区域的多中心程度(李琬,2018)。该公式的计算公式如下:

$$\text{HHI} = \sum_{i=1}^{n} \left(\frac{S_i}{S} \right)^2 \tag{3-8}$$

其中,HHI 表示区域的赫芬达尔—赫斯曼指数;S_i 是区域内子单元 i 的人口规模;S 是区域总人口。HHI 的取值范围为 0—1,数值越大,说明人口集中在少数子单元中(导致某个 S_i 数值偏大),区域结构越单中心。

基尼系数是基尼(Gini,1921)根据洛伦兹曲线(Lorenz curve)设计的用于判断年收入分配公平程度的指标,其本质是为了识别财富是均匀分配在所有人手中,还是被个别人所掌握。如图 3-9 所示,如果曲线越接近 45°,越能说明财富是绝对平均分配;如果曲线越贴近 x 轴,则说明极少数人掌握了绝大多数财富。按照这个思路,基尼系数被量化为相对平均偏移量(Relative Mean Deviation,RMD),其计算公式如下:

$$\text{Gini} = I_{\text{RMD}} = \frac{1}{2\overline{y}n} \sum_{i=1}^{n} | y_i - \overline{y} | \tag{3-9}$$

其中,Gini 为基尼系数;I_{RMD} 表示相对平均偏移量指数;$\overline{y}$ 表示市域内所有子单元的平均人口规模;y_i 表示第 i 个子单元的人口规模;n 为区域内子单元的个数。

本书通过统计学软件 Stata 13 中的"*inequal*"命令实施基尼系数具体的计算步骤。

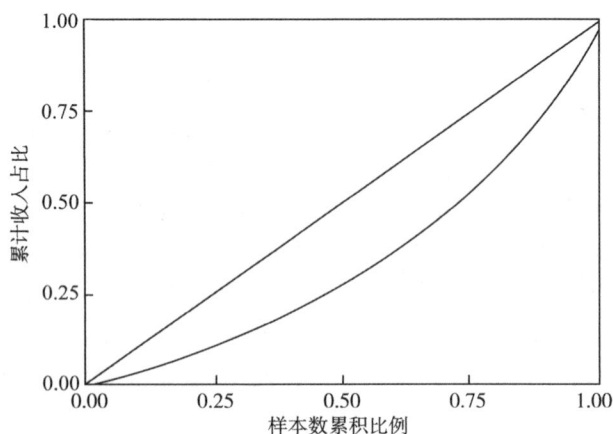

图 3-9　洛伦兹曲线示意

需要注意的是,第 3.3.1 节市辖区空间结构中的集聚指数也有一个基尼系数,两者虽然相似,但是计算方法不同。Gini$_{\text{市辖区}}$ 和 Gini$_{\text{市域}}$ 都是测度要素的不均匀分布程度,但是,从计算公式来看,Gini$_{\text{市辖区}}$ 是测算人口在多大程度上成团分布,其适用于小尺度或微观研究;而 Gini$_{市域}$ 是计算各个子单元的实际人口数量偏离市域平均人口量的程度,适用于较大尺度研究。

除此之外,以位序—规模分布理论为基础的 Pareto 指数也经常被用来测度区域空间结构。Pareto 指数的计算方法为 $\ln(\text{Rank}_i) = A + \alpha\ln\text{Size}_i$。其中,Size$_i$ 表示第 i 个子单元的人口规模;Rank$_i$ 表示第 i 个子单元人口规模在市域内的排序;系数 α 就是 Pareto 指数。Pareto 指数在城市地理领域应用广泛,多被用来测度区域的多中心程度(Li et al.,2018b;Sun et al.,2020a),但是,Pareto 指数存在以下缺点:第一,不同市域所拥有的子单元(市辖区、县和县级市)的个数不同,这就会导致市域间 Pareto 指数的不可比。李迎成等(Li et al.,2018d)和张维阳等(Zhang et al.,2019)认为,随着区域尺度的扩大和城市数量的增多,会有越来越多的小城市进入样本中,这将会影响城市之间的均衡,从而影响区域的多中心程度。第二,针对区域内子单元数量不同造成不可比的问题,梅耶斯等人(Meijers,2008;Meijers et al.,2010)建议所有区域都只取前若干位次的子单元参与计算 Pareto 指数,这样就保证了样本间的可比性;但是这么做又会产生新的问题,人为地截取城市体系的首部(前几位城市),就会丧失排名靠后城市的位序—规模信息,造成计算的混乱。第三,也是被质疑最多的地方,在计算公式中,系数 α 实际上是 Rank$_i$ 对 Size$_i$ 的回归系数,在子单元个数少(小于 3 个)的市域中,回归的拟合优度(R^2)非常小,系数 α 也常常是不显著的,由此计算得来的 Pareto 指数可能是没有经济显著性的。

当然,首位度指数也会存在上述的前两个缺点,因此,在后文的实证检验中,首位度指数用作基准回归,同时 HHI 和 Gini 系数作为稳健回归,以此来弥补和验证首位度指数的结果。

3.4　空间结构的基本事实描述

3.4.1　市辖区空间结构现状与演化

以市辖区集中指数 MWI 和集聚指数 Gini 系数的中位数为分界线,可将 2016 年 283 个市辖区的研究样本归入四个象限中。在以人口高集中度和高集聚度为特征的第一象限中,共有单中心结构市辖区 90 个,占总样本数的 32%,单中心结构的市辖区分布分散,遍布全国,并没有明显的空间分布特征;以人口高集中度和低集聚度为特征的单中心分散结构城市分布在第二象限,共有 51 个样本,占总样本数的 18%,这些市辖区的主要特征是土地面积小,在较小的城市空间内,只能集中资源发展一个城市中心,通常这样的城市人口规模也较小,很难形成规模巨大的城市中心;以低集中度和低集聚度为特征的蔓延型城市处于第三象限中,共有 91 个样本,占当年总样本数的 32%,这些城市主要分布在华北平原至长三角一带,以及四川盆地内部,这些地区地势平坦,人口在城市中的移动性增强,造成低密度分布的蔓延状态;以低集中度和高集聚度为特征的多中心结构市辖区处于第四象限,共有 51 个样本,占当年总样本数的 18%。

从图 3-10 展示的 2000 年和 2016 年中国城市市辖区集中度和集聚度的核密度分布来看,如果将两个图像近似地看作正态分布,则可以发现,从 2000 年至 2016 年,MWI 的均值提高(右移),方差变大(图像变矮),这说明整体上集中程度提高,但是数值间的分布更加离散,可能是人口集中的市辖区数量多于人口去中心化的数量;而 Gini 系数的均值降低(左移),方差变大(图像变矮),这说明整体上集聚程度降低,但是数值间的分布更加离散,可能是人口集聚的市辖区数量少于人口分散的数量。综合来看,2000—2016 年,中国城市市辖区的空间结构更加趋于单中心分散化。

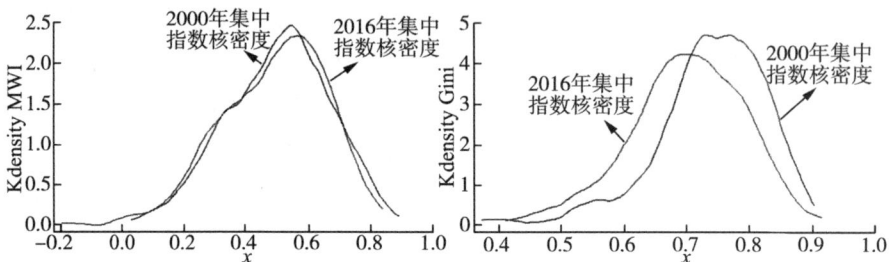

图 3-10　2000 年和 2016 年中国城市市辖区集中度和集聚度的核密度分布

注:x 表示变量取值;Kdensity MWI 表示 MWI 的核密度;Kdensity Gini 表示 Gini 系数的核密度。

3.4.2　市域空间结构现状与演化

以市域空间结构指数 primacy 为基础,分析 2000 年和 2016 年中国城市市域空间结构分布。从空间上看,东北地区、西北地区和长江中下游地区城市市域的 primacy 指数数值大,更加偏向单中心结构;华北平原地区、湖南、江西等地市域更加偏向多中心结构。形成这种空间结构的原因可能是,这些区域属山地、丘陵和河流交错地区,由于地形限制,人口不能大规模地集中在一个地区。从时间上看,2000—2016 年,primacy 指数的数值整体变大,中国市域的人口分布越来越偏向单中心,这可能是地级市政府统筹考虑后的结果,希望通过打造一个大型城市中心来展示城市形象,以提高经济和社会实力,从而代表地级市参与全国的竞争。

值得注意的是,北京、天津、上海、重庆、成都、广州、沈阳、大连等中国人口最多、经济最发达的城市其 primacy 指数都比较大,这在一定程度上印证了孙斌栋等(2016)的研究结论,即大城市市域可能通过单中心结构提高经济绩效。

中国城市市域的单中心结构程度不断提升,这在图 3-11 的核密度图中可以得到印证(即曲线右移),同时可以看到,其实大部分市域的

primacy 指数都较小,集中在 0.2—0.4,说明大部分市域还是以多中心结构为主要特征,市域的县和县级市都分布有较多的人口数量。

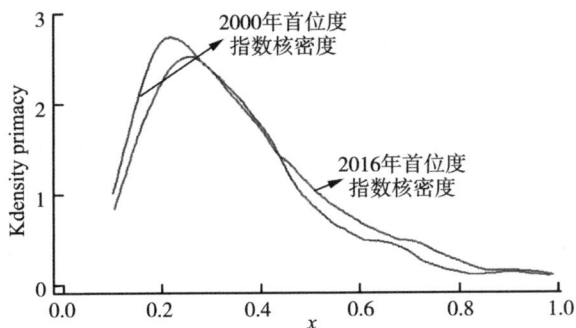

图 3-11　2000 年和 2016 年中国城市市域首位度指数的核密度分布

注:x 表示变量取值;Kdensity primacy 表示首位度指数核密度。

3.5　本章结论与启示

本章在空间结构概念辨析和基本特征描述的基础上,交代了本书的研究单元和空间子单元,并说明了用于空间结构测度的 LandScan 全球人口分布数据。基于不同的演变动力和演变形式,空间结构在不同尺度下具有不同的特征,因此本章从空间结构的尺度性出发,详细介绍并分析了空间结构的尺度差异性,不同尺度中的基本分布特征,以及市辖区和市域空间结构指标的不同计算方法。最后,描述了市辖区和市域尺度空间结构的现状和时空演化。本章的主要目的是,通过介绍空间结构的概念、主要特征、测度与方法并展示空间结构在中国城市的分布现状,为后文实证研究不同尺度下空间结构的生态绩效做铺垫。

市辖区具有完整、连续的建成区分布,稠密的人口,功能齐备的土地利用和城市景观设施。从物理形态来看,市辖区已经符合作为城市内部结构研究的研究空间;而包含市辖区、县和县级市的城市区域作为封闭区域内完整的城市体系,处于同一个市政府的管辖范围,对内紧密联系、对外相对独立,适合作为区域空间结构的研究空间。本章的亮点在于,从市辖区和市域两个不同的空间尺度区分了空间结构的研究单元、子单元和测度方法,这不仅呼应了第 2 章对于空间结构尺度差异的理论分析,更为后文从不同空间尺度研究空间结构的生态绩效做好了技术准备。另外,在空间结构的基本事实描述中,也发现了空间结构指数在不同空间尺度上的差异性,从而印证了前文的理论判断。

区分空间结构的尺度差异及有针对性地采用不同的测度方法,为城市管理者和规划者采取有区别的城市治理措施提供了理论基础,同时也避免了"一刀切"的环境政策所带来的不明确的实施效果。

4 空间结构与空气污染

4.1 引言

雾霾污染已经成为发展中国家最普遍、最严重的空气污染类型之一。致力于城市生态环境研究的学者认为,$PM_{2.5}$是空气污染颗粒物中最主要的有害成分之一(Chen et al.,2018;Yuan et al.,2018a)。因此,城市规划和城市管理学者认为,通过降低$PM_{2.5}$在城市中的排放量是解决雾霾污染的最主要措施,而其中,空间结构,即城市在空间上的组织形式,是影响$PM_{2.5}$水平的基础和关键因素之一(Ewing et al.,2003;Clark et al.,2011)。

在以往文献中,空间结构对空气污染的影响已经被多次研究,但大多是从密度的角度展开的,如高密度、紧凑、蔓延等(Tsai,2005;Norman et al.,2006;Ewing et al.,2008;邵帅等,2019)。这些研究发现,由于居住和就业邻近性的提高,紧凑发展通常能够降低交通排放量,进而改善空气污染(Brownstone et al.,2009);相反,低密度蔓延会增加通勤时间,同时带来郊区住房面积的增加,以此增加交通和居住相关的排放量(Glaeser et al.,2010a)。但是,随着城市化的快速推进,线性的(或单调的)紧凑发展已经转向了去中心化,因为这样不仅能够最大化紧凑所带来的正效应,而且能够在一定程度上解决蔓延的缺点问题(Holden et al.,2005)。由此引发了一个问题,即是单中心还是多中心结构的生态绩效更优?这已经成为城市经济学和城市生态学的研究热点。多中心结构是去中心化后再集聚的过程,包含人口向外围转移和人口在郊区重新集聚两个过程。对于单中心结构和多中心结构的生态绩效的系统研究一直没有引起足够的重视,即使存在相关研究,也没有达成共识。

因此,本章主要研究是单中心还是多中心结构有利于降低$PM_{2.5}$的排放量,主要关注点在于:第一,究竟是单中心还是多中心结构对降低$PM_{2.5}$排放量的影响更大?或者是都不影响?第二,影响的尺度差异性。在中国地级及以上城市的市辖区和市域分别检验空间结构对$PM_{2.5}$排放量的影响,比较并分析两者的差异。第三,检验工业企业的空间分布作为空间结构和$PM_{2.5}$排放量的中介作用。实证研究发现,市辖区尺度的人口单中心

结构有利于降低 $PM_{2.5}$ 的排放量,市域尺度的多中心人口分布有利于降低 $PM_{2.5}$ 的排放量。机制分析发现,在尺度较小的市辖区中,单中心结构将工业企业集中在城市中心;而在尺度较大的市域中,多中心结构将工业企业分散到副中心。由此可能导致,集中在市辖区中心的工业企业,通过知识溢出提高技术水平,邻近性可以共享环保设施,加之受到较高的环境规制从而降低了 $PM_{2.5}$ 的排放量;而分散在市域的工业企业,将节省的地租和劳动力成本用于环保投入,且集聚在市域副中心的工业企业也会受集聚经济的影响,从而减少对外围地区的污染。

本章余下部分安排如下:第 4.2 节描述了 $PM_{2.5}$ 排放量的时空演变,并分析了空间结构与 $PM_{2.5}$ 排放量之间的简单相关关系;第 4.3 节利用面板空间计量模型分别分析了市辖区和市域尺度上的空间结构对 $PM_{2.5}$ 排放量的影响,并在此基础上分析了工业企业空间分布在其中的影响机制;最后,第 4.4 节对本章的结论进行汇总并归纳了政策启示。

4.2 空气污染的时空演变

从 1997 年 6 月开始,根据国务院环境保护委员会第三届第十次会议的决定,中国的 47 个城市开始分批开展空气质量周报工作。空气质量的参考标准是《环境空气质量标准》(GB 3095—1996),评价物包括二氧化硫(SO_2)、二氧化氮(NO_2)和可吸入颗粒物(如 PM_{10})或总悬浮颗粒物等,评价方法是将这些污染物的浓度转化并计算为一个 0—500 的指数,称之为空气污染指数(Air Pollution Index,API),指数越大,说明空气污染越严重。2012 年,中国城市大面积出现雾霾现象,空气中的 $PM_{2.5}$ 浓度"爆表",严重影响了生产和生活,以及人民的身心健康。2012 年 2 月,环境保护部修订并公布了《环境空气质量标准》(GB 3095—2012),将新的空气质量检测指数修订为空气质量指数(Air Quality Index,AQI),主要改变之一就是增加了对 $PM_{2.5}$ 的检测,并从 2013 年开始,在全国 113 个环保重点城市开始实施新的空气质量检测标准,至 2015 年,中国所有地级及以上城市全面普及检测 $PM_{2.5}$ 的浓度。

据《2019 中国生态环境状况公报》显示,2019 年全国 337 个地级及以上城市中,有 180 个城市环境空气质量超标,占比为 53.4%,其中,以 $PM_{2.5}$ 为首要污染物的超标天数占总超标天数的 45%。2019 年,中国 337 个地级及以上城市的 $PM_{2.5}$ 平均浓度为 36 $\mu g/m^3$,与 2018 年持平;虽然从历史趋势来看,处于不断降低的过程中,但是从绝对值来看,距离 WHO 设定的年均准则值 10 $\mu g/m^3$ 还有很大差距。因此,降低 $PM_{2.5}$ 的浓度已经成为中国城市环境治理中的重要内容之一。

因此,本书拟用 $PM_{2.5}$ 作为空气污染的衡量标准,研究中国地级及以上城市的市辖区和市域的 $PM_{2.5}$ 空间分布和时空演变过程,并进一步探索相应尺度上的空间结构如何影响了 $PM_{2.5}$ 的分布,以及工业企业的空间分布是否发挥了机制传导的作用。而在本节，首先要解决三个小问题：PM$_{2.5}$的数据来源、中国城市的分布现状，以及其与空间结构的相关关系。

4.2.1 空气污染物的数据介绍

目前，主流研究中常用的PM$_{2.5}$空气污染数据主要有以下四种：(1)来自美国国家航空航天局(National Aeronautics and Space Administration，NASA)下属的社会经济数据和研究中心(Socioeconomic Data and Applications Center，SEDAC)发布的全球年度PM$_{2.5}$浓度栅格数据V1(1998—2016年)。全球年度PM$_{2.5}$栅格数据V1来自卫星观测的气溶胶光学厚度(aerosol optical depth)的反演，去除了粉尘和海盐的影响，并经地理加权回归调整，最终得到近地表1 km×1 km的PM$_{2.5}$浓度栅格数据。该套数据的优势在于高精度和广覆盖，通过地理信息系统(Geographic Information System，GIS)可以提取到全国范围的城市市域和市辖区内部的PM$_{2.5}$浓度分布状况，有利于大样本、中微观尺度的研究。但是这套数据并没有解决空气污染研究中常见的空间自相关问题，污染物在相近城市间的扩散还是会影响到PM$_{2.5}$浓度的观测精度。(2)中国各级环保部门公布的PM$_{2.5}$浓度值。例如，生态环境部公布的月度全国城市空气质量报告，该报告不仅详细汇报并分析了当月全国城市的空气质量情况，还以列表的形式公布了当月全国168个重点城市的PM$_{2.5}$月均浓度排名。这套数据对于研究PM$_{2.5}$的季节变化特征有重要作用，但是这168个重点城市大多属于行政级别较高、人口规模大或者产业特征明显的城市，并不完全包含所有地级及以上城市，因此其地域覆盖广度有限，而且，报告中并未区分市域和市辖区，且年份跨度有限(最早年份为2014年)，2018年之前只统计和公布了74个重点城市数据。除此之外，在各地市的生态环境统计公报中，也会汇报PM$_{2.5}$浓度值，但数据的特征与此相似。(3)美国驻华大使馆定期公布的空气污染数据。加纳姆等(Ghanem et al.，2014)研究认为中国官方公布的空气污染数据可能质量不高，因此建议采用美国驻华大使馆公布的相关污染物浓度数据(Lu et al.，2017)。但是这套数据的缺点也很明显，就是样本少(美国驻华大使馆和领事馆仅分布在北京、上海、武汉、沈阳、广州和香港)，无法开展大样本研究。(4)北京大学环境科学与工程学院陶澍院士课题组测算的空间分辨率为10 km×10 km的PM$_{2.5}$排放量月度数据。该数据集包含1960—2014年的月度PM$_{2.5}$排放量，栅格数据的空间范围覆盖整个中国大陆地区(Huang et al.，2014)，最为重要的是，PM$_{2.5}$排放量是从燃煤、燃油、天然气、交通、农业开发等7大类共86种主要排放源中测度出来的，这些排放源具有本地属性，较少受风力、地形等自然因素的影响，相比卫星观测等间接测度方法从排放源直接估计具有更高的精确度，也在一定程度上缓解了地区间的空间依赖性。

以北京大学原始的 PM$_{2.5}$ 数据为栅格，每个栅格中 PM$_{2.5}$ 数据的单位为克每平方千米（g/km^2），计算方法为每种消费活动强度乘以排放因子（Wang et al.，2013），每个栅格代表的是该空间范围内的排放密度。本书将市辖区和市域范围内的栅格按照"月份之间相加，栅格之间平均"的原则进行处理，从而得到了每个市辖区和市域的 PM$_{2.5}$ 排放量。

虽然 10 km×10 km 的空间分辨率并不符合高精度的特征，但是已经满足了本书中的地理精度需求。本书的空间尺度为地级及以上城市的市辖区和市域，表 4-1 汇报了市辖区和市域的面积统计。北京大学 PM$_{2.5}$ 数据集的一个栅格面积约为 100 km^2，在市域尺度上，每个城市内平均可以容纳 173 个栅格，即使是最小的市域，其中也可以包含 12 个栅格，这已经为计算市域平均 PM$_{2.5}$ 排放量提供了足够的信息。

表 4-1　中国城市不同尺度的面积分布

类别	个数/个	平均值/km^2	标准差/km^2	最小值/km^2	最大值/km^2
市辖区	283	2 189.84	2 552.243	97	26 041
市域	272	17 215.15	22 308.64	1 113	253 356

对于市辖区尺度而言，平均每个城市可以容纳 22 个栅格，这已经基本满足计算市辖区内平均 PM$_{2.5}$ 排放量的需求。对于面积较小的市辖区而言，图 4-1 展示了面积在 1 000 km^2 以下的市辖区的面积分布，共计 86 个。从图中可以看出，图形基本呈正态分布，大多数市辖区的面积在 300—700 km^2，只有许昌市辖区的面积小于 100 km^2。因此，整体来看，市辖区内部的 PM$_{2.5}$ 数据栅格具有足够的变量化，由此可以得到每个市辖区相对精确的 PM$_{2.5}$ 排放量值。

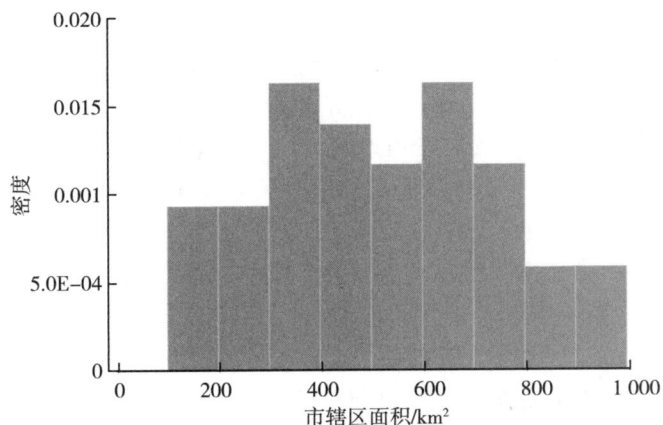

图 4-1　面积小于 1 000 km^2 的市辖区面积分布

事实上，本书所需要的只是市域和市辖区空间内 PM$_{2.5}$ 排放量的平均值，并不研究 PM$_{2.5}$ 在市域和市辖区内的空间分布差异，因此，原则上只要市域和市辖区范围内至少有一个 PM$_{2.5}$ 数据栅格即可满足研究要求。这里之所以要进一步分析研究范围内的栅格数量,是因为市域或市辖区内的 $PM_{2.5}$ 数据栅格越多,测得的 $PM_{2.5}$ 排放量值相对越精确,也可以避免出现两个面积极小的市辖区同处于一个栅格覆盖下的情况,这会造成两个市辖区的 $PM_{2.5}$ 排放量值无法区分,从而产生测度误差。

除了空间尺度外,北京大学 $PM_{2.5}$ 排放量数据的另一个显著特征是,这些 $PM_{2.5}$ 排放量数据是从 86 种主要排放源中测度出来的,具有本地属性和源头属性。另一种常见的来自 NASA 的 $PM_{2.5}$ 浓度数据是基于卫星观测和模型估算得来,是 $PM_{2.5}$ 在空气中扩散后的产物。两者的主要区别在于,前者的数据是排放源头数据,表示的是城市中各种排放源所排放的 $PM_{2.5}$ 数量,不受地区邻近性、风速和降水的影响;而后者的 $PM_{2.5}$ 浓度是经过扩散后的数据,受区域扩散影响严重。

综上,北京大学陶澍院士课题组所公开的 $PM_{2.5}$ 排放量数据集可作为本书的基准回归数据使用,而 NASA 提供的 $PM_{2.5}$ 浓度值可作为稳健检验的数据使用。使用两种不同的数据源进行交叉验证是很多环境研究中的通行做法(Chen et al.,2012;李琬,2018)。

4.2.2 空气污染的基础事实描述

1)市辖区尺度

本章分析了 2000 年和 2014 年中国城市市辖区 $PM_{2.5}$ 排放量的时空分布情况,并按照"自然断裂点"法将所有市辖区从低到高分为五类,由此可以看出:第一,从 2000 年至 2014 年,中国城市市辖区整体的 $PM_{2.5}$ 排放量迅猛增加。从图例的数值上可以看到,无论是排放量较低的市辖区还是排放量较高的市辖区,$PM_{2.5}$ 排放量都处于增加状态。第二,$PM_{2.5}$ 排放量在空间的分布上相对稳定。从整体来看,东部和中部地区的排放量大于东北地区,东北地区大于西部地区,这可能与人口规模、产业结构等相关;从局部地区来看,$PM_{2.5}$ 排放量较大的市辖区主要分布在人口稠密、经济发达的地区,如京津冀地区、长三角地区、珠三角地区,以及资源密集型城市较多的东北地区。第三,中西部地区一些不发达的市辖区的排放量也比较高,主要是由于这些地区的产业结构普遍偏"重",而工业排放是 $PM_{2.5}$ 的主要来源之一,这似乎说明工业占比越大的城市,空气污染物 $PM_{2.5}$ 的排放量就越大。

为此,本书进一步探讨市辖区 $PM_{2.5}$ 排放量的地区和产业差异。如表4-2 所示,区域差异的分析结果印证了上文的分析,$PM_{2.5}$ 排放量从中部、东部向东北和西部地区依次递减,前两个地区的排放量远远高于后两个地区。东北地区的增长率最高,达到 47.9%。相对于 2000 年,东部地区、中部地区和西部地区在 2014 年的 $PM_{2.5}$ 排放量增长率都在 25% 至 29% 之间,而东北地区的增长量是上述地区的近 2 倍。

按照全国市辖区第二产业占 GDP 比重的三等分位数,从低到高将所有市辖区分为四类,由此可以看出,随着第二产业在国民经济中的占比越来越大,市辖区的PM$_{2.5}$排放量也随之增加。但是,随着第二产业的占比进一步提高,产业集聚更强,市辖区PM$_{2.5}$排放量的增速会放缓(如2014年),甚至会出现下降(如2000年)。这说明工业的规模或在市辖区内的集聚程度是影响PM$_{2.5}$排放量更为直接的因素。

表4-2 中国城市市辖区PM$_{2.5}$排放量的地区和产业差异

类别	PM$_{2.5}$排放量的地区差异			
	东部地区	中部地区	西部地区	东北地区
2000年排放量/(g·km^{-2})	7 217 280	8 008 103	4 137 551	4 569 137
2014年排放量/(g·km^{-2})	9 208 471	10 066 830	5 315 137	6 756 374
增长比	0.275 892	0.257 080	0.284 609	0.478 698

类别	PM$_{2.5}$排放量的产业差异			
	东部地区	中部地区	西部地区	东北地区
第二产业占比	(0, 0.25]	(0.25, 0.5]	(0.5, 0.75]	(0.75, 1]
2000年排放量/(g·km^{-2})	2 169 642	3 805 033	4 731 713	3 812 895
2014年排放量/(g·km^{-2})	2 498 814	3 478 882	4 603 821	4 811 065

注:表中排放量表示的是相对应的1个市辖区的平均PM$_{2.5}$排放量;(0, 0.25]表示第二产业占GDP的比重大于0%,同时小于等于25%的市辖区,下同;东部地区的城市包括广东省、山东省、浙江省、河北省、上海市、天津市、福建省、海南省、江苏省和北京市所辖的地级及以上城市,东北地区的城市包括黑龙江省、吉林省和辽宁省所辖的地级及以上城市,西部地区的城市包括内蒙古自治区、甘肃省、陕西省、广西壮族自治区、青海省、新疆维吾尔自治区、四川省、西藏自治区、重庆市、云南省、宁夏回族自治区和贵州省所辖的地级及以上城市,中部地区的城市包括山西省、安徽省、湖北省、湖南省、江西省和河南省所辖的地级及以上城市,下同。

2) 市域尺度

从中国城市市域PM$_{2.5}$排放量的空间分布情况如下:第一,从2000年至2014年,中国市域的PM$_{2.5}$排放量呈现整体增加的状况,排放量最低的市域增加了68.7%,而排放量最高的市域增加了32.3%,排放量较低的市域正在以较高的增长率上升,从而导致全国市域的PM$_{2.5}$排放量整体快速上升。第二,市域PM$_{2.5}$排放量的空间分布集中且稳定。从整体来看,北方高于南方、东部高于西部;从局部来看,华北地区和长三角地区最严重,尤其以河北、河南、山西、山东、上海以及苏北地区最为严重。其中的原因较多,除了地形(太行山对西北季风的阻挡)、政策(北方冬季通过燃煤提供的集中供暖)外,北方偏重工业的产业结构也会导致工业排放PM$_{2.5}$数量的增加。第三,通过对比可以发现,市域的PM$_{2.5}$排放量普遍低于市辖区,这说明市域内的县和县级市相对于市辖区排放了更少的PM$_{2.5}$。县和县级市通常拥有较少的人口和交通,工业企业也大多集中于市辖区,市域较大的面积降低了平均的$PM_{2.5}$排放量。因此,从工业企业的角度来看,除了工业规模和结构外,工业集聚(特别是工业企业在空间的分布)也会影响区域的$PM_{2.5}$排放量。

表4-3展示了市域$PM_{2.5}$排放量的地区和产业差异,从中可以看出,中部地区和东部地区的$PM_{2.5}$排放量最高,西部地区和东北地区排放量较少且数值接近。虽然东北地区的排放量绝对值最小,但是增长率达到了最高的36.3%。从产业差异方面来看,市域展示了与市辖区相似的特征,即产业结构并不能解释全部$PM_{2.5}$排放量的增加,而产业的集聚程度可能对$PM_{2.5}$排放量有更大的影响。

表4-3 中国城市市域$PM_{2.5}$排放量的地区和产业差异

类别	$PM_{2.5}$排放量的地区差异			
	东部地区	中部地区	西部地区	东北地区
2000年排放量/$(g \cdot km^{-2})$	3 896 647	4 234 024	2 159 357	2 053 125
2014年排放量/$(g \cdot km^{-2})$	4 697 585	4 771 462	2 431 190	2 799 415
增长比	0.205 545	0.126 933	0.125 886	0.363 490

类别	$PM_{2.5}$排放量的产业差异			
	东部地区	中部地区	西部地区	东北地区
第二产业占比	(0, 0.25]	(0.25, 0.5]	(0.5, 0.75]	(0.75, 1]
2000年排放量/$(g \cdot km^{-2})$	2 120 733	3 272 583	4 467 186	4 335 627
2014年排放量/$(g \cdot km^{-2})$	2 205 273	2 987 609	4 150 542	4 760 503

注:表中排放量表示的是相对应的1个市域的平均$PM_{2.5}$排放量;(0, 0.25]表示第二产业占GDP的比重大于0%,同时小于等于25%的市域,下同。

4.2.3 空间结构与空气污染的关系

市辖区尺度的空间结构测度被分为空间集中指数和空间集聚指数,共同测度城市的空间结构。如图4-2所示,2000年和2014年,空间集中指数MWI与$PM_{2.5}$排放量呈现微弱的正相关关系,但拟合线的斜率下降,说明市辖区中人口越靠近城市中心[通常是中央商务区(CBD)]分布,$PM_{2.5}$的排放量越高,但是随着时间的推移,集中程度对$PM_{2.5}$排放量的影响越来越微弱。2000年,空间集聚指数Gini系数与$PM_{2.5}$排放量呈现微弱的负相关关系,至2014年,两者呈现显著的负相关关系,说明人口在市辖区范围内越不成比例地成团分布,$PM_{2.5}$的排放量越低,且随着时间的推移,这种负向作用会越来越明显。

本书以primacy指数来衡量城市市域的空间结构。如图4-3所示,

2000年,primacy 指数与市域的 $PM_{2.5}$ 排放量呈现微弱的正相关关系,但是这一关系在 2014 年变成显著的正相关关系,且系数剧烈增大。primacy 指数越大,说明市域越呈单中心结构,因此图 4-3 表明在市域尺度上,单中心结构会增加 $PM_{2.5}$ 的排放量,而多中心结构是相对清洁的一种空间结构。

虽然从图 4-3 就可以识别空间结构指数与 $PM_{2.5}$ 排放量的关系,但是这只是基于一元回归的简单相关关系,并没有控制人口、产业和气象等因素,更严格的空间结构指数与 $PM_{2.5}$ 排放量的统计关系需要基于严谨的多元回归模型,在其他变量不变的前提下,研究空间结构对空间结构指数与 $PM_{2.5}$ 排放量的影响。

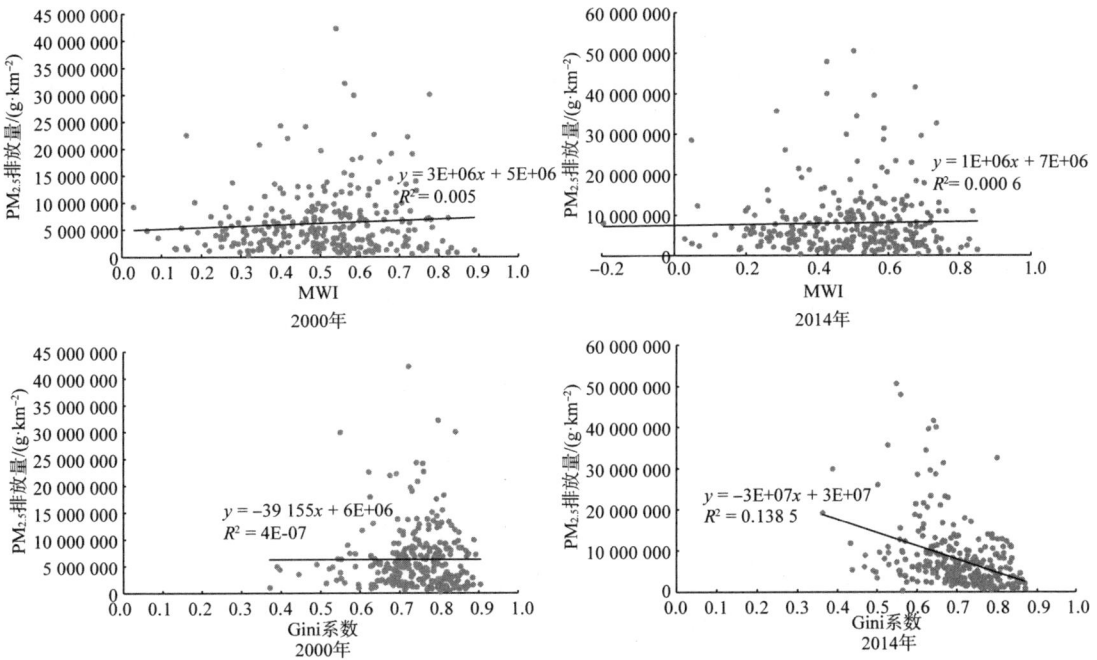

图 4-2　$PM_{2.5}$ 排放量与空间集中指数 MWI 和空间集聚指数 Gini 系数的关系

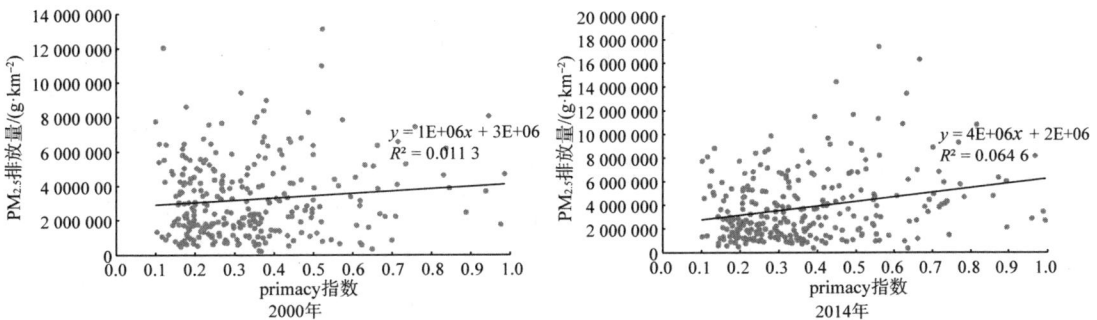

图 4-3　$PM_{2.5}$ 排放量与 primacy 指数的关系

4.3 模型、变量与估计结果

4.3.1 模型介绍与变量说明

虽然北京大学陶澍院士课题组所提供的 $PM_{2.5}$ 排放量数据是从燃煤、燃油、天然气、交通、农业开发等 7 大类 86 种主要排放源中测度出来的,并不存在 $PM_{2.5}$ 在邻近地区互相传输的现象,但是邻近地区的产业集聚和产业溢出,仍然会导致大量的污染密集型工业企业在邻近的城市集聚分布。例如,河北省是中国雾霾污染最严重的地区之一,除了西面的太行山阻挡了西北季风之外,严重的污染在很大程度上要归因于钢铁产业在河北的集聚。由于集聚经济和溢出效应,大量钢铁企业在河北省的城市布局,这就导致即使 $PM_{2.5}$ 不在城市间传输,钢铁企业的集聚分布也会导致 $PM_{2.5}$ 排放量的增加。

因此,为了控制邻近地区可能存在的产业溢出,本书使用空间计量作为估计方法。空间计量模型充分考虑了空间单元之间的空间关系,通过建立空间权重矩阵来控制空间单元之间的空间依赖性(杨凡等,2016)。空间权重矩阵根据研究需要可以设置为邻接矩阵(空间相邻为 1,不相邻为 0)、基于地理距离的矩阵(如反距离矩阵,空间距离越近,权重越大,反之则越小;距离也可以是非线性的,如空间权重矩阵为距离平方的倒数,表示随着距离的增加,权重以平方指数的方式下降)和经济距离矩阵(如两个地区间的经济交流越紧密,则城市间的权重越大),以空间滞后项的方式进入模型中。空间计量模型根据滞后项与因变量、自变量和误差项的组合不同,可以分为空间杜宾模型(Spatial Dubin Model,SDM)、空间滞后模型(Spatial Lag Model,SLM)和空间误差模型(Spatial Error Model,SEM)。

首先,N 个地区包含了所有空间变量的一般模型为

$$Y_{it} = \rho W Y_{it} + \alpha l_n + \beta X_{it} + \theta W X_{it} + u \tag{4-1}$$

$$u = \lambda W u + \varepsilon \tag{4-2}$$

其中,因变量 Y 是研究区域内的 $PM_{2.5}$ 排放量;自变量 X 包含空间结构变量和其他的控制变量;t 表示年份;i 代表研究区域(市辖区或市域);l_n 是列向量为 1 的矩阵,也就是常数项;W 是空间权重矩阵,由于产业空间溢出效应是基于地理的,且距离越近,溢出效果越明显,因此 W 为 $N \times N$ 的反距离矩阵,为市辖区(或市域)之间距离的倒数(邵帅等,2016);WY 是因变量 Y 的空间滞后项,表示邻近地区的 Y 对本地区 Y 的影响;WX 为自变量 X 的空间滞后项,表示邻近地区的 X 对本地区 Y 的影响;u 为误差项;ρ、θ 为空间自相关系数;α、β 为变量系数;ε 为随机误差项。

如果 $\lambda = 0$,则式(4-1)可以转化为 SDM,公式如下:

$$Y_{it} = \rho W Y_{it} + \alpha l_n + \beta X_{it} + \theta W X_{it} + u \tag{4-3}$$

SDM 同时包含因变量和自变量的空间滞后项,是较为一般的空间计量模型,适用性较广。如果 $\theta = 0$,则式(4-1)可以转化为 SLM,公式如下:

$$Y_{it} = \rho W Y_{it} + \alpha l_n + \beta X_{it} + u \tag{4-4}$$

式(4-4)显示,SLM 仅包含因变量的空间误差项。如果 $\theta = -\rho\beta$,则式(4-1)可以转化为 SEM,公式如下:

$$Y_{it} = \alpha l_n + \beta X_{it} + u \tag{4-5}$$

$$u = \lambda W u + \varepsilon \tag{4-6}$$

式(4-5)、式(4-6)显示,SEM 只包含误差项的空间滞后项。从以上可以看出,三个空间计量模型由于所包含的滞后项不同,所适用的研究主题也就不尽相同。SLM 主要处理因变量的空间自相关问题,SEM 主要处理含有空间自相关的变量被包含进误差项中的情况,而 SDM 较为一般和通用,即使数据的生成过程是符合 SLM 和 SEM 的,使用 SDM 也是无偏的估计。

本章以北京大学陶澍院士课题组所公布的 $PM_{2.5}$ 排放量数据作为基准回归的数据来源,将 NASA 的卫星所观测到的 $PM_{2.5}$ 浓度数据作为稳健检验。从以上公式可以看到,除了因变量和核心自变量外,自变量 X 中还包含着许多控制变量。借鉴以往关于空气污染和城市形态的相关研究(Glaeser et al.,2010a;李平等,2012;Lee et al.,2014),人口规模、人口密度、人均 GDP、区县个数等变量被包含进模型中。其中,人口规模、人口密度和人均 GDP 代表了研究区域内基本的社会经济发展状况;区县个数变量的加入是为了保障市辖区或市域之间空间结构指数的可比性。在市辖区内,区级单元的个数越多,说明该市辖区的多中心性越强(张婷麟,2015),因为每一个区级政府都会被激励将本区的人口留在区内。对于市域而言,人口相对较少的县和县级市的个数越多,市域呈现单中心结构的可能性越大(Li et al.,2018d),同时县和县级市的个数也会影响 Pareto 指数的计算(Meijers,2008)。因此,在市辖区尺度研究中,市辖区内区级单元的总个数被放入模型中;而在市域尺度中,市辖区整体、县和县级市的总个数被放入模型中。除了 $PM_{2.5}$ 排放量和空间结构指数外,其他变量中的人口数据来源于 2000—2014 年的 LandScan 全球人口分布数据集,此数据集的相关介绍详见第 3.2.3 节;人均 GDP 数据来源于相应年份的中国城市统计年鉴;区级单元数和区县个数的原始数据来源于中华人民共和国民政部官方网站,通过手动统计整理,计算出每个市辖区中的区级单元数和每个市辖区内的区县个数。除此之外,在以往研究中发现,空气污染物会受到城市气象因素的影响,如风速、降水、温度等(Sun et al.,2020a;Han et al.,2020)。但是本书所采用的空气污染数据为 $PM_{2.5}$ 排放量,是城市内各种消费活动的源头排放数据,极少受到气象因素的影响,因此,在本章的控制变量中并没有包含城市气象变量。

从以上变量介绍中不难看出,有两类变量没有被加入控制变量组中。第一类,工业企业的相关变量。在本书第 1.2.2 节中,工业企业要素是用来解释影响机制的,换句话说,本书的逻辑是空间结构→工业企业行为→PM$_{2.5}$ 排放。在基准回归中之所以不放入这个变量,一是因为本书会在后文单独讨论工业企业的机制传导作用;二是如果这类变量被放入基准回归中,那么它们就是"坏变量"(bad control)(Angrist et al.,2008)。第二类,山地、湖泊、区位等自然要素。本章使用的是面板数据模型,那些不随时间变化的要素会被模型的双向固定效应(即时间固定效应、城市固定效应)所差分掉,因此,并不会造成遗漏变量和影响模型的估计结果。以上变量的描述性统计结果如表 4-4 所示。

表 4-4　空气污染模型相关变量的描述性统计

	变量	单位	样本量/个	平均值	标准差	最小值	最大值
市辖区	ln(PM$_{2.5}$ 排放量)	g/ km^2	4 245	15.460	0.947 0	11.880 0	17.990
	ln(PM$_{2.5}$ 浓度)	μg/ km^3	4 245	3.493	0.551 0	0.000 0	4.627
	集中度 MWI	—	4 245	0.474	0.174 0	−0.207 0	1.101
	集聚度 Gini 系数	—	4 245	0.717	0.084 5	0.343 0	0.905
	ln(人口规模)	人	4 245	13.790	0.800 0	11.870 0	16.930
	ln(人口密度)	人/ km^2	4 245	6.569	1.048 0	2.379 0	10.660
	ln(人均 GDP)	万元	4 245	0.828	0.928 0	−7.235 0	3.327
	ln(区级单元个数)	个	4 245	0.807	0.991 0	−5.794 0	3.045
市域	ln(PM$_{2.5}$ 排放量)	g/ km^2	4 080	14.840	0.795 0	12.170 0	16.890
	ln(PM$_{2.5}$ 浓度)	μg/ km^3	4 080	3.451	0.512 0	0.799 0	4.515
	primacy 指数	—	4 080	0.354	0.181 0	0.099 8	0.995
	ln(人口规模)	人	4 080	15.080	0.642 0	12.950 0	17.310
	ln(人口密度)	人/ km^2	4 080	5.662	0.921 0	1.559 0	9.124
	ln(人均 GDP)	万元	4 080	0.467	0.910 0	−6.661 0	3.082
	ln(区县个数)	个	4 080	1.780	0.522 0	0.693 0	3.296

注:市辖区的个数为 283 个,市域的个数为 272 个,具体见第 3.2.1 章节;研究的时间区间为 2000—2014 年。

4.3.2 基本结果

空间计量模型使用的前提是数据表现出空间自相关性。为此,本书分别计算了市辖区和市域的年均 $PM_{2.5}$ 排放量和 $PM_{2.5}$ 浓度的莫兰指数 (Moran's I)。如图 4-4 所示,无论是在市辖区还是市域尺度,Moran's I 都显著为正,这表示两类 $PM_{2.5}$ 数据在空间上都具有正的空间自相关,意味着 $PM_{2.5}$ 排放量高的城市周边围绕的也是 $PM_{2.5}$ 排放量高的城市,符合空间计量模型的适用前提。值得注意的是,在图 4-4 中,$PM_{2.5}$ 排放量的 Moran's I 远远小于 $PM_{2.5}$ 浓度,这再一次说明,来自排放源头的 $PM_{2.5}$ 排放量数据在最大程度上降低了污染物的空间自相关,相比 NASA 卫星所观测得到的 $PM_{2.5}$ 浓度数据更具可靠性。另外,由于空间自相关会导致 OLS 的偏误,因此本书使用最大似然估计(Maximum Likelihood Estimation,MLE)。

如前所述,空间计量模型可以分为 SLM、SEM 和 SDM,具体模型的选择需要通过拉格朗日乘数(Lagrange Multiplier,LM)检验和似然比(Likelihood Ratio,LR)检验确定。第一步,检验基于 OLS 残差的四个统计量,即拉格朗日滞后统计量(LM_{lag})、稳健的拉格朗日滞后统计量(Robust LM_{lag})、拉格朗日误差统计量(LM_{error})和稳健的拉格朗日误差统计量(Robust LM_{error}),其中前两个对应 SLM,后两个对应 SEM。如果统计结果显示前两个显著或者四个均显著,那么还不能直接确定模型,需要进一步对 SDM 进行估计(LeSage et al.,2009)。第二步,使用最大似然估计来检验两个假设,即 $H_0: \theta = 0$ 和 $H_0: \theta + \delta\beta = 0$,其中 $H_0: \theta = 0$ 用来检验 SDM 是否可以被简化为 SLM,$H_0: \theta + \delta\beta = 0$ 用来检验 SDM 是否可以被简化为 SEM。如果两个假设均被拒绝,那么 SDM 就是最优;如果

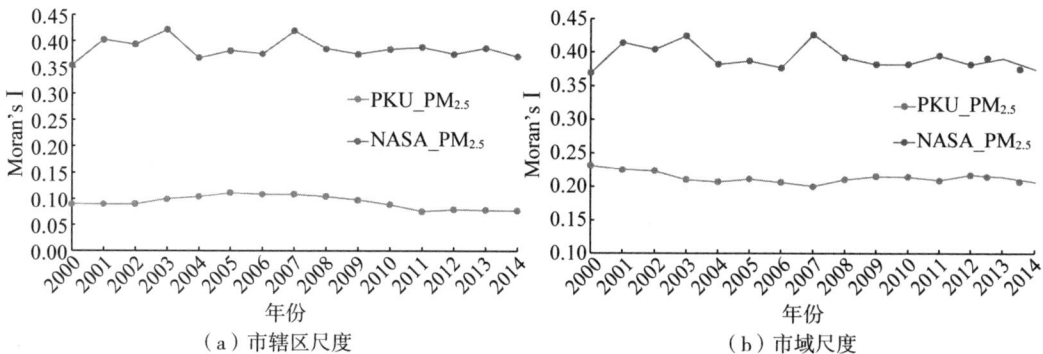

（a）市辖区尺度　　　　　　　　　　（b）市域尺度

图 4-4　市辖区和市域 $PM_{2.5}$ 的 Moran's I 结果

注:图中所有的数字结果都在 1% 的水平上显著。PKU_$PM_{2.5}$ 表示来自北京大学陶澍院士课题组所提供的 $PM_{2.5}$ 排放量数据;NASA_$PM_{2.5}$ 表示来自 NASA 卫星所观测的 $PM_{2.5}$ 浓度数据。

第一个假设被满足,且 LM_{lag} 和 Robust LM_{lag} 都显著,那么 SLM 最优;如果第二个假设被满足,且 LM_{error} 和 Robust LM_{error} 都显著,那么 SEM 最优,需要注意的是,必须两个条件同时满足,否则 SDM 是最优的(马丽梅等,2016)。

为此,首先,本书使用经济学软件 Stata 15 对模型进行了空间诊断性检验。表 4-5 中,LM 检验结果显示,无论是市辖区尺度还是市域尺度,LM_{lag}、Robust LM_{lag} 均不显著,而 LM_{error} 和 Robust LM_{error} 在 10% 的显著水平下显著,因此判断可以引入空间计量模型。其次,建立 SDM,使用时间—空间双固定效应进行估计。最后,根据 LR 检验结果来看,空间滞后和空间误差的 LR 检验均显著,说明可以拒绝"空间杜宾模型可以被简化为空间滞后模型或空间误差模型"的原假设。同时,豪斯曼(Hausman)检验的结果显著为正,因此选择时间—空间双固定效应模型。

表 4-6 为本章基于 SDM 的基准结果,该模型控制了年份和城市固定效应。从市辖区尺度来看,空间集中指数 MWI 显著为负,说明人口的分布集中在城市中心附近,能够降低 $PM_{2.5}$ 的排放量;空间集聚指数 Gini 系数显著为负,说明人口在市辖区的集聚有利于降低 $PM_{2.5}$ 的排放量,根据图 3-6 所示,在市辖区尺度上,单中心的结构有可能带来更好的空气质量。从市域尺度来看,primacy 指数显著为正,说明空间结构越偏向单中心,$PM_{2.5}$ 的排放量越大,也就是说多中心结构能够降低 $PM_{2.5}$ 的排放量。

表 4-5 空气污染模型的空间诊断性检验

类别		市辖区	市域
LM 检验	LM_{lag}	0.000(0.997)	0.000(0.994)
	LM_{error}	0.001(0.084)	2.545(0.011)
	Robust LM_{lag}	0.000(0.997)	0.000(0.994)
	Robust LM_{error}	0.004(0.084)	2.545(0.010)
LR 检验	LR test spatial lag	16.69(0.053)	10.09(0.000)
	LR test spatial error	18.19(0.033)	10.78(0.000)
Hausman 检验	SLM	19.13(0.024)	97.17(0.000)
	SEM	116.32(0.000)	98.61(0.000)
	SDM	124.64(0.000)	20.20(0.001)

注:LR test spatial lag 即空间滞后似然比检验;LR test spatial error 即空间误差似然比检验。括号内为 P 值,即当原假设为真时,检验统计量小于或等于根据实际观测样本数据计算得到的检验统计量值的概率。

表 4-6 空气污染模型的基准回归

市辖区尺度			市域尺度		
类别	Main	Wx	类别	Main	Wx
集中指数 MWI	−0.007 80** (0.004 78)	0.235 00 (0.187 00)	primacy 指数	0.412 00*** (0.118 00)	−3.143 00*** (1.146 00)
集聚指数 Gini 系数	−0.478 00*** (0.089 90)	−0.184 00 (0.484 00)			
ln(人口规模)	0.277 00*** (0.032 00)	−0.123 00 (0.203 00)	ln (人口规模)	0.243 00*** (0.045 00)	0.991 00** (0.392 00)
ln(人口密度)	0.051 80*** (0.010 10)	−0.113 00 (0.069 30)	ln(人口密度)	0.056 60** (0.023 80)	−0.245 00 (0.182 00)
ln(人均GDP)	0.126 00*** (0.012 10)	−0.115 00 (0.091 20)	ln (人均 GDP)	0.096 80*** (0.010 20)	0.051 80 (0.045 70)
ln 区级单元个数	0.002 06 (0.009 86)	0.124 00 (0.081 60)	ln (区县个数)	0.138 00*** (0.033 80)	−0.213 00 (0.283 00)
rho	0.290 00*** (0.078 30)		rho	0.291 00*** (0.091 10)	
sigma2_e	0.038 60*** (0.000 84)		sigma2_e	0.022 40*** (0.000 47)	
样本量/个	4 245		样本量/个	4 624	
拟合优度	0.452		拟合优度	0.096 2	

注:括号中为标准误。***、** 分别代表在 1%、5% 的显著性水平下通过显著性检验。Main 表示主效应,Wx 表示溢出效应,代表邻近地区的自变量对本地区因变量的影响。rho 表示模型中的空间自相关系数。sigma2_e 表示误差项的方差平方。

市辖区尺度单中心结构有利于降低 $PM_{2.5}$ 排放量的可能原因有以下三点:第一,单中心集聚能够提高邻近性,从而降低通勤时耗和增加非机动出行(Engelfriet et al.,2017),减少交通 $PM_{2.5}$ 的排放量。来源于 2010 年的中国住户调查的数据印证了这一点,即随着市辖区空间集聚程度的提高,居民的平均通勤时间显著降低(图 4-5);第二,工业企业在城市中心集聚,由于知识溢出、共享环保设施,能够通过互相学习提高技术水平;第三,集中布局更有利于政府对污染物排放量的监管(黄志基等,2015;贺灿飞等,2016),空气污染物排放量因此而降低。

而在市域尺度,由于人口总体规模相对较大,单中心集聚易造成集聚不经济,因此需要通过去中心化的多中心结构将人口疏解到郊区副中心,一方面,这会降低主中心因为过度拥挤而产生的交通拥堵,减少交通

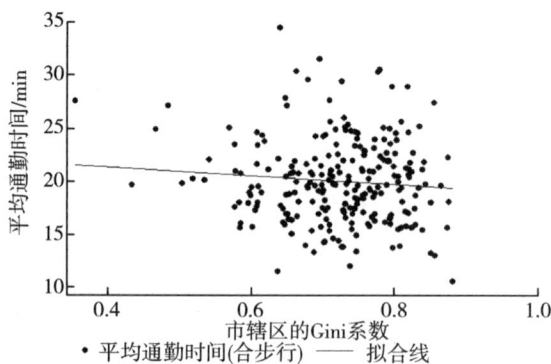

图 4-5　市辖区尺度空间集聚与平均通勤时间

$PM_{2.5}$ 的排放量。利用中国区域经济统计年鉴中的民用汽车拥有量(2000年和 2014 年)研究发现,市域的 primacy 指数与民用机动车拥有量呈显著正相关关系,亦即多中心结构能够降低机动车的拥有,从而达到降低交通拥堵的效果,且随着时间的推移,影响会越来越显著(图 4-6)。另一方面,原来在主中心的工业企业会随之转移到地租和劳动力相对更便宜的副中心(李玉红,2018;李雪,2019),再将节省的成本用于企业环保设施投入,这也会降低企业的 $PM_{2.5}$ 排放量。此外,工业企业在郊区副中心通常集聚在工业园区,同样会受到一定的知识溢出和环境规制,从而较少会对外围地区造成污染。

同样是降低 $PM_{2.5}$ 排放量,市辖区需要工业企业集中分布,而市域则需要工业企业分散分布,主要原因在于不同空间尺度对于集聚经济的影响也有所不同。工业企业的集中分布可以通过集聚经济降低污染物排放量(陆铭等,2014),主要表现在通过企业间的知识溢出、共享除污基础设施、较强的环境规制等,降低企业的污染物排放量(贺灿飞等,2016)。市辖区作为单独的城市,可以通过工业企业的空间集中获得较高的集聚经济,但

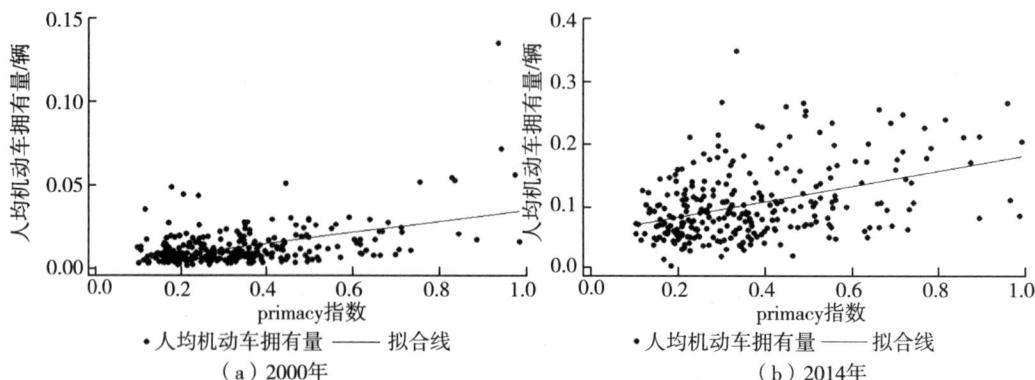

图 4-6　市域尺度 primacy 指数与民用机动车拥有量

是对于由多个城市组成的城市区域而言,过量的工业企业集中会造成集聚不经济,如企业间的逐底竞争、高地价和劳动力成本导致企业减少环保投入等,因此需要将工业企业适当地去中心化以降低负效应。但是,市域尺度的去中心化不是完全地、均匀地分散,而是去中心化后在外围的重新集聚(如工业园区、工业新城),从一个单一的集中体变成若干个分散的集聚体。因此,市辖区工业企业的集中分布、市域工业企业的分散分布,都是依靠和通过集聚经济来降低 $PM_{2.5}$ 的排放量。

在其他的变量中,人口规模和人口密度越大,$PM_{2.5}$ 的排放量越大,这与以往的研究结论一致(Han et al.,2019;Sun et al.,2020a)。人口规模与密度越大,排放源就可能越多,人口的过度集中会带来交通拥堵,加速机动车的碳排放。人均 GDP 的系数显著为正,说明人均 GDP 越高,$PM_{2.5}$ 的排放量越大,这与环境库兹涅茨曲线的左半部分趋势一致,表明现阶段中国市辖区依然处于以污染环境换取经济增长的阶段,需要通过经济转型和创新发展,尽快达到环境库兹涅茨曲线的拐点。

4.3.3 稳健检验

模型的估计结果会受到多种因素的影响,例如,不同类型的数据会造成不同的估计结果。来源不同的 $PM_{2.5}$ 数据是否会影响模型的估计结果?将基准回归中因变量的数据替换为 NASA 卫星所观测的 $PM_{2.5}$ 浓度数据,重新运行空间杜宾模型,结果如表 4-7 所示。结果显示,无论是市辖区尺度还是市域尺度,空间结构指数的系数都非常稳健。

表 4-7　稳健检验一:替换因变量

市辖区尺度			市域尺度		
类别	Main	Wx	类别	Main	Wx
集中指数 MWI	−0.050 6* (0.026 6)	−0.020 6 (0.103 0)	primacy 指数	0.059 5** (0.013 4)	−0.971 0 (0.899 0)
集聚指数 Gini 系数	−0.058 8** (0.022 1)	−0.383 0 (0.278 0)			
其他控制变量	YES	YES	其他控制变量	YES	YES
rho	0.017 1*** (0.007 4)		rho	0.222 0** (0.087 4)	

	市辖区尺度			市域尺度	
类别	Main	Wx	类别	Main	Wx
sigma2_e	0.014 0*** (0.000 286)		sigma2_e	0.013 7*** (0.000 286)	
样本量/个	4 811		样本量/个	4 624	
拟合优度	0.180		拟合优度	0.131	

注:括号中为标准误。***、** 和* 分别代表在 1%、5% 和 10% 的显著性水平下通过显著性检验。YES 表示该模型控制了基准回归中所有其他控制变量,年份为 2000—2016 年。

除了数据差异,不同的指标量化也可能会造成估计结果的变化。之所以要做不同测度指标的稳健性检验,是因为所有设计的指标都是为了尽力展现出空间结构的特征,但是由于刻画的重点不同,指标之间也略有差异。我们不能主观地判断哪个指标能更好地代理空间结构,需要将所有设计的指标依次放入模型进行测试,如果所有指标的测试结果都保持一致,那么就说明空间结构肯定是起作用的,并且不会随着测度的不同而有所变化;另外,测度误差可能会导致错误的估计结果。本探究尝试不同的变量,就是为了检验模型结果会不会因为指标设计的不同而产生变化,也就是检验所使用的模型存不存在测度误差。

如表 4-8 所示,在市辖区尺度,将集中指数 MWI 依次替换为 ACI、MADC,将集聚指数 Gini 系数替换为 Delta。实证发现,三组检验的结果都与基准回归保持一致,即集中指数和集聚指数显著为负,说明单中心结构更可能降低 $PM_{2.5}$ 的排放量。在市域尺度,将 primacy 指数依次替换为 HHI 和 Gini 系数,结果依然稳健为正,表示多中心结构有利于降低市域的 $PM_{2.5}$ 排放量。

表 4-8　稳健检验二:替换自变量

	市辖区尺度			市域尺度	
类别	Main	Wx	类别	Main	Wx
集中指数 ACI (1)	−0.053 7** (0.029 1)	0.221 0 (0.212 0)	HHI	0.785 0*** (0.182 0)	0.140 0 (1.263 0)
集聚指数 Gini 系数(1)	−0.433 0** (0.093 8)	−0.242 0 (0.490 0)			
集中指数 MADC (2)	0.029 7** (0.150 0)	−0.480 0 (0.380 0)	Gini 系数	0.428 0*** (0.110 0)	−1.701 0** (0.878 0)

	市辖区尺度			市域尺度	
类别	Main	Wx	类别	Main	Wx
集聚指数 Gini 系数（2）	−0.482 0*** (0.090 4)	−0.185 0 (0.484 0)			
集中指数 MWI（3）	−0.027 9** (0.014 0)	0.231 0 (0.188 0)	—	—	—
集聚指数 Delta（3）	−0.619 0*** (0.092 2)	−0.110 0 (0.580 0)			
其他控 制变量	YES	YES	其他控 制变量	YES	YES
样本量/个	4 245		样本量/个	4 624	

注:括号中为标准误。***、** 分别代表在 1%、5% 的显著性水平下通过显著性检验。
（1）（2）（3）分别代表市辖区尺度的三组稳健性检验,每组汇报两个核心指标:集中指数和集聚指数。市辖区的集聚指数 Gini 系数和市域尺度的 Gini 系数不同,详见第 3.3 节。需要注意的是,集中指数 MADC 越小,表明空间集中程度越大,这与集中指数 MWI 和 ACI 表示的符号方向相反。

4.3.4 机制检验

如果自变量 X 通过影响变量 M 对因变量 Y 产生影响,则变量 M 被称为中介变量,其中变量 M 在自变量 X 对因变量 Y 的影响中起到了中介效应。检验中介效应最早和最流行的方法是巴伦等（Baron et al. ,1986）所提出的逐步法（causal steps approach）,但是后来许多研究质疑逐步法中的依次检验（piecemeal test）这个步骤（Edwards et al. , 2007；Hayes et al. , 2013）,认为应该改用普遍认为比较好的自助法（bootstrap method）来直接检验系数乘积的显著性。

这两种检验方法的优劣不是本书讨论的重点,但是,到目前为止依然没有公认的方法让自助法能够与空间计量模型完美结合,另外,自助法中的核心自变量数量只能为一个,而本书在市辖区尺度上测度空间结构的集中指数与集聚指数的个数为两个,无法使用自助法。因此,为了使市辖区与市域的结论具有可比性,本书在中介效应的分析中,统一采用逐步法。对于逐步法受到的质疑,温忠麟等（2014）认为,首先推荐使用依次检验步骤,如果不显著则使用自助法直接检验系数乘积以提高检验力。

在逐步法中,为了简化模型,假设所有变量都已经中心化（数据减去均值,即中心化后的所有数据均值为 0）或标准化（均值为 0,标准差为 1）,可用下列方程组来描述逐步法中的变量关系:

$$Y = cX + e_1 \tag{4-7}$$

$$M = aX + e_2 \tag{4-8}$$

$$Y = c'X + bM + e_3 \tag{4-9}$$

在以上方程组中,式(4-7)中的 c 是自变量 X 对因变量 Y 的总效应,式(4-8)中的系数 a 是自变量 X 对中介变量 M 的效应,式(4-7)中的系数 c' 是在控制中介效应后,自变量 X 对因变量 Y 的直接效应,而系数 b 是在控制了自变量 X 的影响后,中介变量 M 对因变量 Y 的影响,e_1、e_2、e_3 是各式的回归残差。在逐步法中,中介效应等于系数的乘积 ab,它与直接效应和总效应有下面的数量关系:

$$ab = c - c' \tag{4-10}$$

在模型中,如果 c 显著,且 a 和 b 都显著,则中介效应显著。其中,如果式(4-9)中的 c' 显著,称之为部分中介;如果 c' 不显著,则称之为完全中介(Judd et al.,1981;温忠麟等,2004)。

根据第 2.3.3 节,本小节拟检验的假设为:空间结构通过影响工业企业的空间分布,进而影响 $PM_{2.5}$ 的排放量。具体需要检验的是,空间结构是否影响了工业企业在城市中的空间分布?空间结构是否通过工业企业的空间布局影响了 $PM_{2.5}$ 的排放量?为此,需要设计一个工业企业的空间分布的量化指标。

在本章中的市辖区尺度,用人口密度最高的点,即 3 km 半径内的工业企业数量占市辖区全部工业企业数量的比重来表征工业企业的空间分布 $M_{市辖区}$;而在市域尺度,用人口规模最大的子单元(通常是市辖区,也有可能是发达的县或县级市)内的工业企业数量占全市域工业企业数量的比重来表征工业企业的空间分布 $M_{市域}$。工业企业的数据来自对应年份的中国工业企业数据库(表 4-9)。

表 4-9 机制传导检验:工业企业的空间分布

		市辖区			市域	
		因变量:$PM_{2.5}$ 排放量			因变量:$PM_{2.5}$ 排放量	
	类别	Main	Wx	类别	Main	Wx
步骤一	集中指数 MWI	−0.007 80** (0.004 78)	0.235 00 (0.187 00)	primacy 指数	0.412 00*** (0.118 00)	−3.143 00*** (1.146 00)
	集聚指数 Gini 系数	−0.478 00*** (0.089 90)	−0.184 00 (0.484 00)			
	其他控制变量	YES	YES	其他控制变量	YES	YES
	rho	0.290 00*** (0.078 30)		rho	0.291 00*** (0.091 10)	

	市辖区			市域		
步骤一	sigma2_e	0.038 60*** (0.000 84)		sigma2_e	0.022 40*** (0.000 47)	
	样本量/个	4 245		样本量/个	4 624	
	拟合优度	0.452 0		拟合优度	0.096 2	
步骤二	因变量:3 km 范围内的工业企业占比			因变量:主中心的工业企业占比		
	类别	Main	Wx	类别	Main	Wx
	集中指数 MWI	0.494 00** (0.250 00)	−3.953 00 (0.130 79)	primacy 指数	0.453 00*** (0.131 00)	0.395 00 (0.623 00)
	集聚指数 Gini 系数	1.119 00*** (0.314 00)	2.323 00 (1.748 00)			
	其他控制变量	YES	YES	其他控制变量	YES	YES
	rho	0.117 00** (0.059 00)		rho	0.072 10*** (0.027 00)	
	sigma2_e	0.469 00*** (0.010 00)		sigma2_e	0.064 20*** (0.001 39)	
	样本量/个	4 245		样本量/个	4 624	
	拟合优度	0.004 0		拟合优度	0.442 8	
步骤三	因变量:PM$_{2.5}$ 排放量			因变量:PM$_{2.5}$ 排放量		
	类别	Main	Wx	类别	Main	Wx
	集中指数 MWI	−1.366 00* (0.827 00)	−4.840 00 (3.760 00)	primacy 指数	0.420 00*** (0.118 00)	−2.991 00*** (1.148 00)
	集聚指数 Gini 系数	−0.508 00*** (0.090 30)	−0.626 00 (0.507 00)			
	3 km 范围内的工业企业占比	−0.007 79** (0.004 40)	0.084 70** (0.038 80)	主中心的工业企业占比	0.001 68** (0.000 80)	−0.127 00** (0.064 20)
	rho	0.313 00*** (0.078 90)		rho	0.305 00*** (0.091 70)	
	sigma2_e	0.038 50*** (0.000 84)		sigma2_e	0.022 40*** (0.004 67)	
	样本量/个	4 245		样本量/个	4 624	
	拟合优度	0.456 0		拟合优度	0.090 5	

注:括号中为标准误。***、** 分别代表在 1%、5% 的显著性水平下通过显著性检验。步骤一、步骤二和步骤三分别是对式(4-7)、式(4-8)和式(4-9)的计量结果展示。

步骤一的结果就是基准回归表 4-6 的结果。从市辖区尺度来看,空间集中程度对 $PM_{2.5}$ 排放量的影响显著为负,空间集聚对 $PM_{2.5}$ 排放量的影响也显著为负,说明人口越靠近城市中心分布,且越不成比例地组团分布,越有利于降低 $PM_{2.5}$ 的排放量。这说明单中心结构的人口分布有利于降低 $PM_{2.5}$ 的排放量。从市域尺度来看,primacy 指数对 $PM_{2.5}$ 排放量的总效应为正,说明市域越呈多中心结构分布,$PM_{2.5}$ 的排放量越低。

步骤二汇报了空间结构对工业企业空间分布的影响。在市辖区尺度上,集中指数和集聚指数都显著为正,说明单中心的人口空间结构可以使得更多的工业企业集中在城市中心(通常是 CBD)附近。一方面,企业可以更接近市场,降低运输成本并能得到产品在市场中的快速反馈(李伟等,2017);另一方面,城市中心地区通常拥有完善的基础设施,方便企业开展生产活动。在市域尺度上,人口的分布与工业企业分布呈显著正相关关系。单中心人口分布的市域会导致工业企业的集中分布,同样,去中心化的人口分布也会导致工业企业向副中心转移。从步骤二的结果可以看出,工业企业在城市中的空间分布是与人口的空间分布相同的,正如格拉泽等(Glaeser et al.,2001)在研究美国城市就业的去中心化趋势时发现的那样,就业会随着人口向郊区转移,但是会有一些滞后。综上可知,工业企业是市场导向型的产业,会随着人口的流动方向而移动。

在步骤三的市辖区尺度,空间集中的系数显著为负,空间集聚显著为正,说明单中心结构有利于降低 $PM_{2.5}$ 排放量,这与前文的结论保持一致。工业企业的空间分布系数为负,说明工业企业的集中分布有利于降低 $PM_{2.5}$ 排放量。因为,工业企业在市辖区的集聚分布,有利于相互之间分享、学习和匹配环保技术,共用环境基础设施,以此降低污染气体排放量;同时,工业企业的集中连片分布,有利于环境监管部门实施有效的环保监测。在市域尺度,除了 primacy 指数显著为正,与前文保持一致,工业企业分布的系数也显著为正,说明多中心的市域人口分布有助于降低 $PM_{2.5}$ 排放量。一方面,由于主中心的地价(如房租)和劳动力价格相对于郊区更高,工业企业转移至郊区副中心以后,将节省的成本用于提高环保技术和改善环保设施,从而降低了污染物排放量。另一方面,集聚在市域副中心的工业企业也会受集聚经济的影响,通过技术升级来减少对外围地区的污染。因此,人口多中心的市域结构会吸引工业企业的分散分布,进而降低空气污染物排放量。机制传导的结果如图 4-7 所示。

从以上模型结果可以看出,无论在市辖区还是市域尺度,工业企业分布的系数都是显著的,说明工业企业的空间分布作为影响机制确实是存在的。并且,从步骤三可以看到,在控制了空间结构指数的情况下,集中指数和集聚指数显著,说明工业企业所起到的是部分中介的作用,除了工业企业的空间分布之外,空间结构还通过其他途径影响了 $PM_{2.5}$ 排放量。以往多数文献都分析了交通作为空间集聚程度与空气污染关系的中介变量的影响,多数研究认为紧凑的城市形态可以通过提高邻近性和可达性,从而

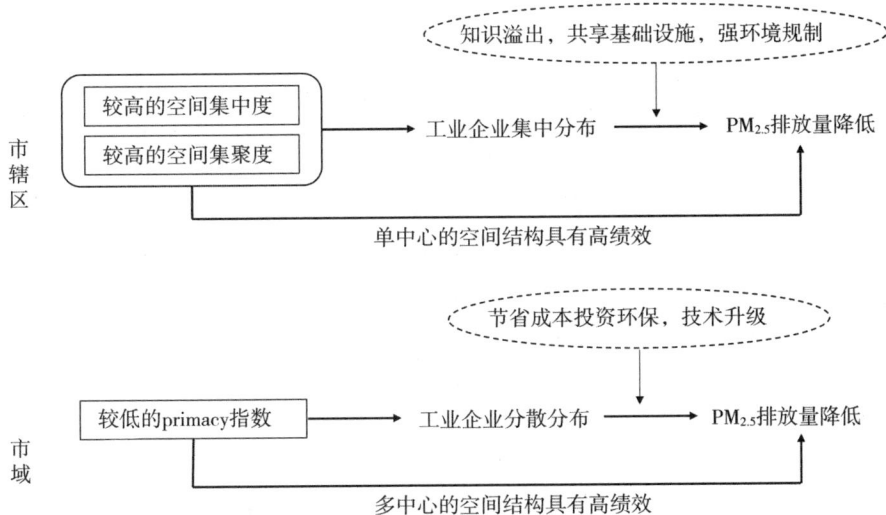

图 4-7　机制传导的结果图示

倡导非机动化出行(或者降低通勤时间),进而减少交通排放量和提高空气质量(Sun et al.,2020a)。因此,本章关注工业企业空间分布的影响机制,是对以往文献的有益补充。

需要注意的是,本书并未直接研究工业企业空间分布对城市生态的影响,而是将关注的重点放在人口的空间结构上,研究人口的空间结构通过影响工业企业的空间分布来影响 $PM_{2.5}$ 的排放量。这么做是因为两个方面:第一,工业企业只是人口空间结构影响 $PM_{2.5}$ 排放量的一个途径,根据第 2.3.1 节的理论框架所示,交通行为是另一个途径,因此,研究人口的空间结构对 $PM_{2.5}$ 排放量的影响,可以拉大分析和理论框架,从而对空间结构生态绩效的形成机理更完整的认识。第二,人口在城市中的流动在一定程度上是工业企业区位选址的驱动力,因此,如果只关注工业企业的空间分布对 $PM_{2.5}$ 排放量的影响,就会失去对工业企业区位选址动力的解释,降低模型的解释力和公信力。

在城市生态环境污染中,除了大气污染,水污染也是影响城市生态可持续发展的重要因素。因此,本书还研究了空间结构对于生活和工业水污染的影响,鉴于篇幅和研究主题的差异,这一部分将在附录 4 中详细展示。研究发现,在市域尺度中,无论是对工业废水排放,还是生活污水排放,单中心结构都具有更优的绩效。

4.4　本章结论与启示

本章利用 2000—2014 年的 LandScan 全球人口分布数据和北京大学陶澍院士课题组公开的 $PM_{2.5}$ 排放量数据为源头数据,极少受区域传输和气象因素的影响。从中国地级及以上城市的市辖区和市域两个空间尺度,探究了空间结构对空气污染的影响。由于 $PM_{2.5}$ 排放量在空间上具有自相关性,为了降低估计偏误,并结合 LM 检验、LR 检验、Hausman 检验,最终确定使用双向固定效应的面板空间杜宾模型。研究发现,在市辖区尺度上,空间集中维度显著为负,空间集聚维度显著为负,说明单中心结构有利于降低 $PM_{2.5}$ 的排放量;而在市域尺度,primacy 指数显著为正,意味着多中心的人口分布有利于降低 $PM_{2.5}$ 的排放量。为了验证模型的稳健性,将基准回归中的北京大学陶澍院士课题组公开的 $PM_{2.5}$ 排放量数据替换为 NASA 公布的卫星监测 $PM_{2.5}$ 浓度数据,通过回归发现结果非常稳健;另外,将空间结构的测度指标进行依次更换,将市辖区的空间集中指数 MWI 替换为 ACI 和 MADC,将空间集聚指数 Gini 系数替换为 Delta,将市域的 primacy 指数替换为 HHI 和 Gini 系数,结果依然非常稳健。

工业企业的空间分布被作为中介变量来探索其在空间结构和 $PM_{2.5}$ 排放量之间的影响机制,结果发现,工业企业的空间分布与人口的空间分布具有一致性,即市辖区单中心的人口分布会形成工业企业的集中分布,从而通过集聚经济降低 $PM_{2.5}$ 的排放量,市域多中心的人口分布会形成工业企业的分散分布,这是通过去中心化来降低集聚不经济,从而达到降低 $PM_{2.5}$ 排放量的效果。

从表面来看,市辖区和市域的结论似乎是不同的,但是,将两者对比后发现,这其实是同一个结论在不同空间尺度下的差异化表现。例如,当区域内只有一个城市时,单中心的人口分布无疑能够带来规模经济,由此吸引工业企业集中分布,通过知识溢出提高技术、共享设施、监管,从而减少 $PM_{2.5}$ 的排放量。当区域内的城市人口不断增加,人口的拥挤效应必然会带来去中心化,人口会向外围地区流动建立新的城市,新的城市人口不断增加,又会带动工业企业向新城集聚,而工业企业受益于集聚经济,其污染物排放量又会降低。从本质上看,这个过程就是弗里德曼(Friedmann,1966)的区域空间结构演化理论和集聚经济理论的结合。因此,从过程论的角度来看,本章市辖区和市域的结论是一脉相承的,差异只在于空间尺度的大小和集聚经济的程度。

除了理论上的意义,本章的研究也为区域规划和城市治理提供了可选择的政策选项。对于市辖区而言,单中心的人口分布具有更好的空气质量,集中了大量工业企业的工业园区,也被设置在靠近城市中心地区,以获得更好的集聚经济。对于市域而言,相对均衡的人口分布更有利于空气质量的提升,工业企业可以选址于次中心城市,既可以降低因过度集中带来的集聚不经济,又可以将节省的成本用于环保投资、技术升级,从而降低污染物排放量。

5　空间结构与绿色空间

5.1　引言

　　绿色空间作为城市生态景观的重要组成部分，对城市的可持续发展和居民的福祉起到至关重要的作用（俞孔坚等，2001）。城市绿色空间的生态功能包括吸收大气中的微小颗粒物和废气以改善空气质量、维持和保护生态多样性、通过降低局部温度来缓解城市热环境等（史培军等，1999）。除此之外，城市绿色空间最重要的功能体现在社会方面，如花园和公园可以为人们提供游憩、放松和休闲的机会。医学研究发现，每天在绿色空间中散步，可以降低30％罹患结肠癌、骨断裂和乳腺癌的风险，降低50％罹患中风、糖尿病和心脏病的风险，降低25％罹患老年期痴呆的风险。除了生理疾病，多接触绿地和开阔空间还能减轻压力，提升精神状态。吴健勇等（Wu et al.，2018）基于美国北卡罗来纳州中部的威克（Wake）县的研究发现，绿道密度每增加1 km/km^2，森林面积占比每增加10％，猝死的风险将分别降低18％和10％。因此，保护并提升城市绿色空间品质具有重大的现实意义。

　　城市绿色空间的定义多种多样，大致包括"城市中私有开放或公共的、被植被所覆盖的、直接或间接可供城市居民使用的区域"（van Herzele et al.，2003）。随着中国进入"城市时代"，城市人口的爆炸式增长将会导致城市建设用地的快速增加，从而威胁城市绿色空间的安全。在应对城市人口增长、建设用地扩张和城市绿色空间锐减的矛盾和博弈时，调整城市空间结构被认为是最有效的策略之一（杨振山等，2015）。

　　在众多的空间结构形式中，紧凑发展是被广泛认可的能够解决人口和环境矛盾的有效方法之一（Jenks et al.，1996；Rafeq Jabareen，2006；Sonne，2009）。但是，以往仅仅关注紧凑程度的研究并不符合，也不能指导现实的城市绿色规划实践。以高密度为主要特征的紧凑发展将大量的绿色空间挤出人口聚集区，并且由于市区的交通拥堵，处于郊区的绿色空间的可达性也明显降低（Byrne et al.，2010；Zhang et al.，2018）。

　　以去中心化和郊区城市化为驱动力，中国的城市人口和就业逐渐从城市中心向城市外围和郊区转移,城市中心区的人口密度下降,而郊区形成了若干个副中心。以此为背景,越来越多的专家和学者将单中心和多中心结构的城市规划引入城市绿色空间实践中(车生泉等,2001),但是相关实证分析相对欠缺。

本章重点探讨是单中心还是多中心结构更有利于提高城市绿色空间绩效(包含面积占比与可达性两个方面),以及研究空间结构如何提高绿色空间绩效。研究发现,无论是在市辖区尺度还是市域尺度,多中心的人口分布格局不仅有利于增加绿色空间面积占比,而且有利于提高绿色空间的可达性。从机制实证来看,人口多中心结构带来了市辖区和市域工业企业的去中心化。这可能会产生两个方面的结果:一方面,城市中心(主中心)的不透水面会转化为绿色空间,郊区(副中心)会因为企业的集聚而经济增长,更有资金建设绿色空间,这都会促进绿色空间面积的增加;另一方面,多中心半径变得更小,加之密度的下降会提升交通效率,因此绿色空间的可达性也会同时提高。

本章余下部分安排如下:第 5.2 节介绍了中国城市市辖区和市域绿色空间的数据来源与指标设计、时空演变,以及其与空间结构的简单相关关系;第 5.3 节使用面板数据固定效应模型探究了空间结构对绿色空间面积占比和可达性的影响,以及工业企业的空间分布在其中的影响机制;第 5.4 节是结论与启示。

5.2 绿色空间的时空演变

5.2.1 绿色空间的数据来源与指标设计

城市绿色空间对城市可持续发展和居民身心健康有着至关重要的影响,通过城市人口布局来实现绿色空间的最优化,是城市地理和城市规划工作者的不懈追求。研究绿色空间的影响因素的前提,是必须获得高精度、广范围、长时序的全国土地利用数据。

目前,常用的涉及中国全境土地利用的数据有三类:第一类,中国科学院资源环境科学数据中心的中国 1:100 000 的土地利用数据,时间序列为 1980 年、1990 年、1995 年、2000 年、2005 年、2010 年和 2015 年。该套数据以多期陆地卫星专题成像仪/增强专题成像仪(Landsat TM/ETM)遥感影像为主要数据源,通过目视解译最终合并成空间分辨率为 1 km 的土地利用数据(施开放,2017)。这套数据是目前我国精度最高的土地利用现状遥感数据产品,在生态环境保护、土地资源调查和水文监测方面发挥过重要作用(Liu et al.,2002;He et al.,2014)。但是,这套数据在 2000 年只有七期供开放使用,2000 年之后只有四期数据,过短的时间跨度很难与其他数据联合组建面板数据,因此并不满足本书长时间序列的要求。第二类,国内地理信息系统的科学家通过模型模拟的长时间序列土地覆盖产品,例如,清华大学地球系统科学系宫鹏教授科研团队研发的 5 km 空间分辨率的全球 1982—2015 年逐年长时序动态土地覆盖数据产品(GLASS-GLC)(Liu et al.,2020)。这套产品以 1982—2015 年的全球陆表特征参量数据集(GLASS CDR)为数据源,借助谷歌地球引擎平台进行开发,其涵盖耕地、森林、灌木、草原、落地、苔原和冰雪共七大土地覆盖类别。另外,中山大学地理科学与规划学院刘小平教授团队提出了归一化城市区域综合指数(normalized urban areas composite index)的方法,并利用谷歌地球引擎从大量的陆地卫星(Landsat)遥感图像中进行全球城市土地分类识别,最终研发出空间精度为 30m、时间间隔为 5 年的全球土地利用分类产品(Liu et al.,2018)。这两套数据各有优点,但也存在不合适本书的方面,前者的空间分辨率略粗糙,不能很好地区分并识别城市中的绿色空间,后者的时间分辨率略粗糙,不能匹配空间结构指数的年度数据。第三类,为了应对全球气候变化,并满足《联合国气候变化框架公约》和地球观测卫星委员会对于气候数据的需求,欧洲航空局(European Space Agency)开展了"气候变化倡议"计划(Climate Change Initiative Programme),而此计划的众多产出数据之一就是全球土地利用数据 Land Cover CCI。该套土地利用数据时间跨度为 1992—2015 年,空间分辨率为 300 m,是目前已知的覆盖范围最广、时间和空间精度最高的土地利用数据之一。本书利用该套土地利用数据来计算中国城市市辖区与市域绿色空间的面积占比与可达性指标。

表 5-1 详细介绍了欧洲航空局开放的全球土地利用数据 Land Cover CCI 的分类情况。全部土地被分为 6 大类、36 小类,涵盖了城市所有的用地类型。

表 5-1　全球土地利用数据 Land Cover CCI 的分类

政府间气候变化专门委员会(IPCC)考虑的土地大类	土地类型代码	土地类型描述
1. 农业	10,11,12	旱作农田
	20	灌溉农田
	30	花叶田(>50%)/天然植被(乔木、灌木、草本覆盖)(<50%)
	40	镶嵌式天然植被(乔木、灌木、草本植被)(>50%)/耕地(<50%)
2. 森林	50	乔木,阔叶,常绿,郁闭度(>15%)
	60,61,62	乔木覆盖,阔叶,落叶,郁闭度(> 15%)

政府间气候变化专门委员会(IPCC)考虑的土地大类		土地类型代码	土地类型描述
2. 森林		70,71,72	针叶树,常绿,郁闭度(>15%)
		80,81,82	针叶落叶乔木,叶面郁闭度(>15%)
		90	混合叶型(阔叶针叶)
		100	花叶乔灌木(>50%)/草本覆盖度(<50%)
		160	树盖,被水淹没的植物,新鲜或不稳定的水
		170	树盖,被水淹没的植物,咸水
3. 草地		110	花叶草本覆盖物(>50%)/乔灌木(<50%)
		130	草原,牧草地
4. 湿地		180	灌木或草本覆盖物,被水淹没的植物,淡水或咸水
5. 居住地		190	城市
6. 其他	灌木地	120,121,122	灌木地
	稀疏植被	140	地衣和苔藓
		150,151,152,153	稀疏植被(乔木、灌木、草本覆盖)
	裸地	200,201,202	裸地
	水体	210	水体

在进行绿色空间指标量化之前,需要对绿色空间的内涵进行界定。在以往研究中,绿色空间的定义和内涵大致可以分为三种:(1)绿色空间被赋予一种宽泛的边界,指由天然、半天然和人工植被组成的综合区域(Jim et al.,2003;Tzoulas et al.,2007;Haaland et al.,2015)。这种划分方法较为粗糙,仅仅区分了生态用地和建设用地(不透水面),无法将绿色空间精确量化做大样本定量研究。(2)一些研究会为绿色空间附加比较具体的地点信息,如将绿色空间定义为公园、广场、体育场、公共或私人的花园等(Jim et al.,2001,2008;Wolch et al.,2014)。这种划分方法并不是按照土地利用类型划分,而是依据土地的用途(附属物)进行划分,比较适用于单个城市的案例研究。(3)从土地利用的视角来看,绿色空间包括草地、森林、湿地、农田等(Davies et al.,2008;Wright Wendel et al.,2012)。这种划分方法的好处在于,存在一个公认的标准能将所有城市的用地类型

进行统一划分,且数据统计也较为方便。因此,采用第三种方法可将绿色空间定义为城市中的森林、草地、湿地、灌木地和稀疏植被所组成的区域。值得注意的是,本章并没有将农田(或耕地)纳入绿色空间的范畴。虽然中国很多城市的市辖区或市域中存在大量的农田,且符合"绿色覆盖"的物理特征,但是这些农田并不具备城市生态景观的功能。更为重要的是,我国的18亿亩耕地红线政策保证了这些农田不会因为城市空间结构的变动而发生变动。

1) 绿色空间面积占比指数

在城市市辖区和市域尺度,绿色空间的面积占比一般指绿色空间的面积占市辖区和市域面积的比例。因此,有如下公式:

$$R_{g\_市辖区} = AREA_{g\_市辖区} / AREA_{市辖区} \tag{5-1}$$

$$R_{g\_市域} = AREA_{g\_市域} / AREA_{市域} \tag{5-2}$$

其中,$R_{g\_市辖区}$ 和 $R_{g\_市域}$ 分别表示市辖区和市域的绿色空间面积占比指数,指数越大,表示市辖区和市域拥有更多的绿色空间;$AREA_{g\_市辖区}$ 和 $AREA_{g\_市域}$ 分别代表市辖区和市域的绿色空间面积;$AREA_{市辖区}$ 和 $AREA_{市域}$ 分别指市辖区和市域的面积。

2) 绿色空间可达性指数

在以往研究中,多个不同的指标被用来评估欧洲城市的绿色空间可达性(尹海伟等,2008)。首先,人均供给的公共绿色空间价值(per capita provision of public green space value)(für Landespflege, 2006)和人均绿色空间面积(Xu et al., 2018)被用来测度绿色空间可达性。但是这些量化指标没有提供绿色空间的空间信息,而空间是绿色空间可达性与公平性的重要维度(de la Barrera et al., 2016)。另外,基于机会的量化指标在可达性的研究中被广泛应用,主要用来测量与最近的绿色空间要素的距离(Breheny, 1978)。例如,库姆斯(Coombes et al., 2010)使用与最近绿道距离作为绿色空间可达性的指标。但是,这些指标只能反映局部而不是整个城市的可达性状况,因而可能只适用于个体研究和小尺度微观研究。

本章使用一个简单但有效的指标来测度市辖区绿色空间的可达性,具体为城市中心3 km范围内的绿色空间面积与市辖区绿色空间总面积的比值。绿色空间在城市中心的集中程度可以代理可达性的原因在于:通常情况下,由于城市中心地区的开发强度较大,绿色空间大多分布在城市的外围地区。如果城市中心地区的绿色空间占比提高,那么整个城市的绿色空间占比都会提高,城市中的所有人都更容易接近绿色空间。市辖区绿色空间的可达性指数的公式如下:

$$A_{\_市辖区} = AREA_{g\_3km} / AREA_{g\_市辖区} \tag{5-3}$$

其中,$A_{\_市辖区}$ 表示市辖区绿色空间的可达性指数,指数越大,说明越多的绿色空间集中在城市中心地区,越容易被接近;$AREA_{g\_3km}$ 表示城市中心(以 LandScan 全球人口分布数据中人口数量最大的栅格为准)3 km 范围内的绿色空间面积;$AREA_{g\_市辖区}$ 表示市辖区总体的绿色空间面积。

市域绿色空间的可达性指数的计算公式为

$$A_{\_市域} = AREA_{g\_rank1} / AREA_{g\_市域} \qquad (5-4)$$

其中,$A_{\_市域}$ 表示市域绿色空间的可达性指数,指数越大,说明有越多的绿色空间集中在市域的主中心,人们更容易到达;$AREA_{g\_rank1}$ 表示市域内人口规模排名第一的子单元(通常是市辖区)的绿色空间面积;$AREA_{g\_市域}$ 表示市域的绿色空间总面积。

5.2.2 绿色空间的基础事实

1)市辖区尺度

从时间趋势来看,2000—2015 年,全国市辖区的绿色空间面积占比有轻微地提高。从空间趋势来看,无论是 2000 年还是 2015 年,市辖区的绿色空间面积占比的分布都呈现相似的格局,即平原地区占比小,而山地、高原地区占比大。具体而言,华北平原、东北平原、四川盆地和长江中下游平原地区的市辖区绿色空间的面积占比偏小,而黄土高原、南方山地的市辖区绿色空间的面积占比偏大。这可能是因为:首先,平原地区的城市建设更容易出现蔓延,而由于山地地形的限制,城市建设被限制在特定的范围内,不会对周边的绿色空间形成威胁;其次,这些地区同时也是中国城市人口最稠密的地区,城市不透水面和人口活动也会影响绿色空间的面积占比。

从时间趋势来看,从 2000 年至 2015 年,市辖区绿色空间可达性有所降低。从空间趋势来看,除了极个别的市辖区,其他市辖区的绿色空间可达性数值都较低,说明绿色空间在市辖区内较为分散,并没有大量进入城市中心地区。这可能与改革开放以来我国快速发展城市化有关,进入城市的人口大多居住或工作在城市中心地区,造成市中心企业和建筑密集,绿色空间被挤到郊区的现象。

从以上市辖区绿色空间的面积占比和可达性的空间分布可以看出,绿色空间在全国整体的空间分布上呈现不均匀的格局:绿色空间在人口稠密的平原地区面积占比较小,而在高原和山地为主的地区面积占比较大。2000—2015 年,绿色空间可达性有所下降,且全国都处于可达性较低的状态。

2)市域尺度

从中国城市市域绿色空间面积占比的空间分布可以看出,自 2000 年至 2015 年,市域绿色空间面积占比呈现微弱的增长。同市辖区相似,市域绿色空间面积占比也出现华北平原、东北平原、四川盆地和长江中下游平原地区的市域绿色空间的面积占比偏小,而黄土高原、南方山地的市域绿色空间的面积占比偏大的格局。从市域绿色空间可达性的空间分布来看,2000—2015 年,市域绿色空间可达性呈现微弱的降低趋势,高值集中分布在京津冀地区、华北平原和长三角地区。

从对比中发现,京津冀地区、华北平原和长三角地区市域的绿色空间面积占比较小,但是相对集中分布在市域的主中心,更多的人能够达到绿色空间;虽然南方地区和西部地区市域的绿色空间面积占比较大,但是大部分都分布在人口较少的市域副中心,远离人口集聚中心,可达性较差。

5.2.3　空间结构与绿色空间的关系

空间集中指数 MWI 和空间集聚指数 Gini 系数共同测度市辖区的空间结构。如图 5-1 所示,在 2000 年,MWI 和 Gini 系数都与绿色空间的面积占比呈正相关关系,说明空间集中和空间集聚能够增加绿色空间的面积,亦即单中心的人口分布更有效。另外,MWI 和 Gini 系数都与绿色空间的可达性呈负相关关系,说明空间去中心化和空间分散能够增加城市中心地区的绿色空间可达性。2015 年的结果与 2000 年结果一致。

在市域尺度上,primacy 指数用来量化人口分布的结构。如图 5-2 所示,primacy 指数与绿色空间面积占比呈现微弱的正相关关系,但模型的拟合优度只有 0.005 左右,可以忽略不计。另外,primacy 指数与绿色空间的可达性呈现显著正相关关系,说明市域的人口越集中于主中心,主中心的绿色空间就会越多。

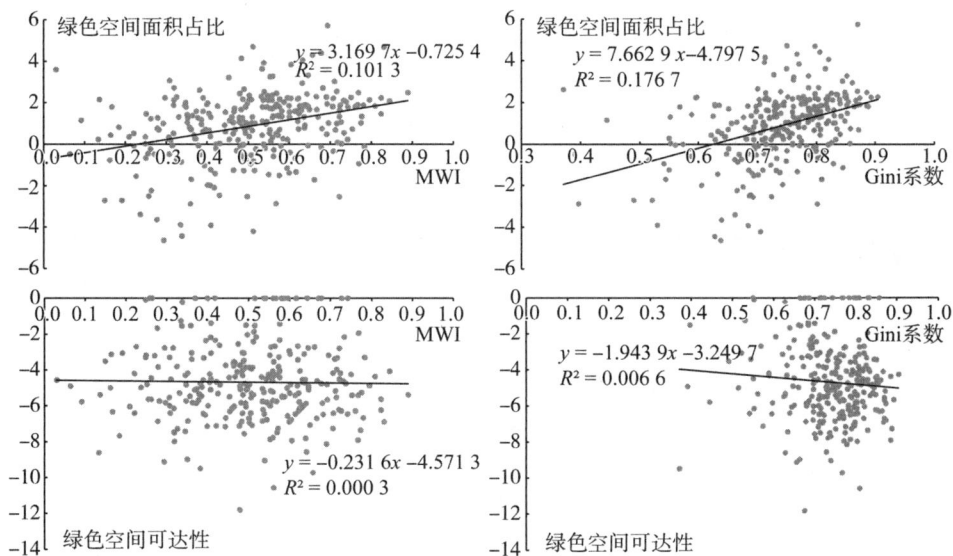

(a) 2000年

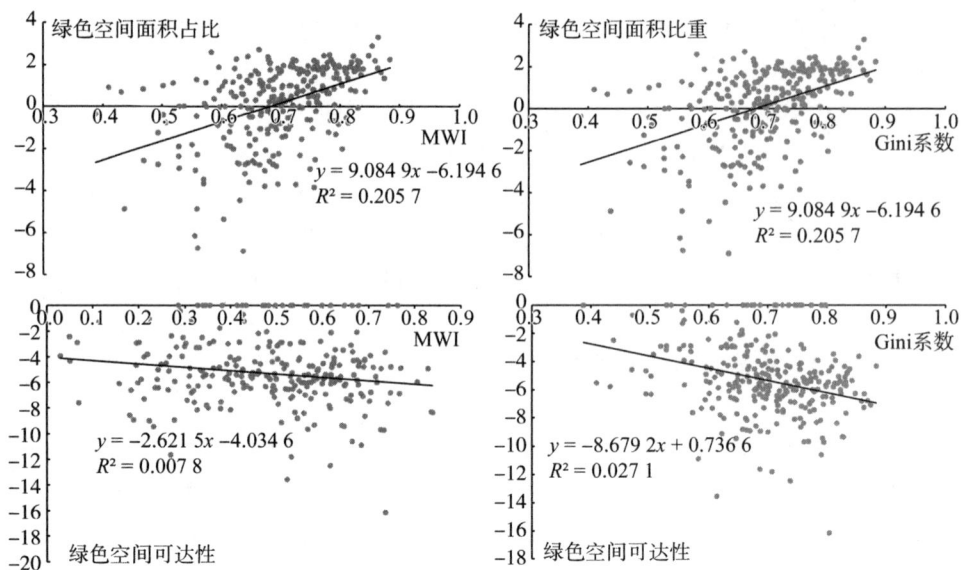

$y = 9.084\,9x - 6.194\,6$
$R^2 = 0.205\,7$

$y = 9.084\,9x - 6.194\,6$
$R^2 = 0.205\,7$

$y = -2.621\,5x - 4.034\,6$
$R^2 = 0.007\,8$

$y = -8.679\,2x + 0.736\,6$
$R^2 = 0.027\,1$

(b) 2015年

图 5-1　绿色空间与空间集中指数 MWI 和空间集聚指数 Gini 系数的关系

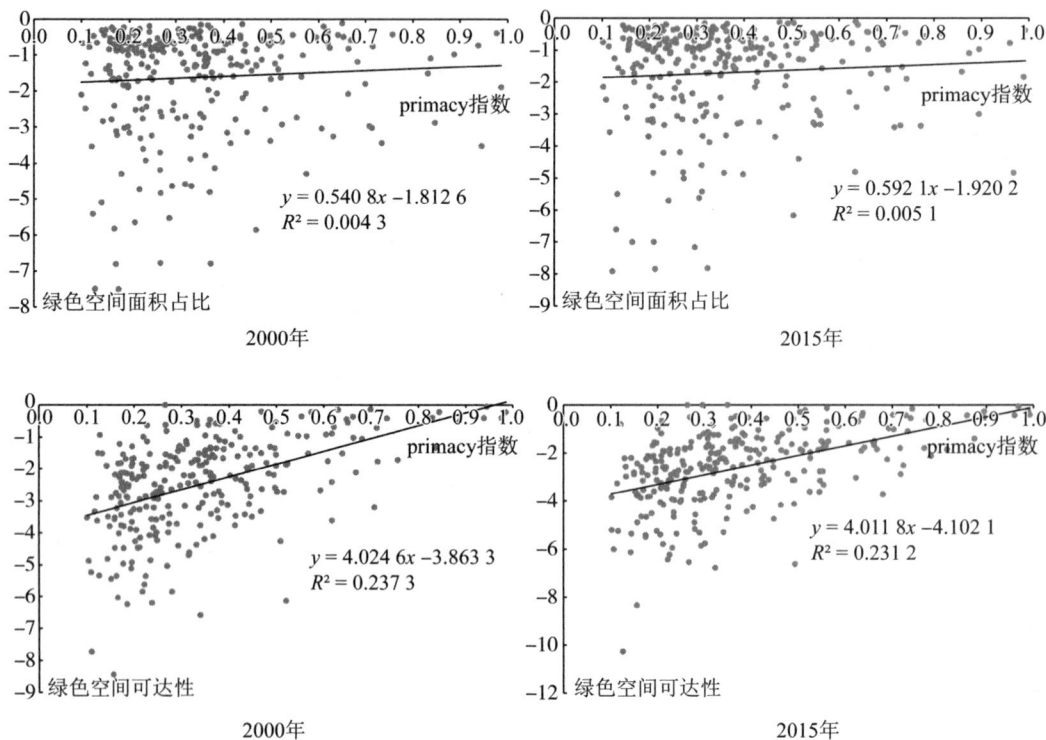

$y = 0.540\,8x - 1.812\,6$
$R^2 = 0.004\,3$

$y = 0.592\,1x - 1.920\,2$
$R^2 = 0.005\,1$

2000年

2015年

$y = 4.024\,6x - 3.863\,3$
$R^2 = 0.237\,3$

$y = 4.011\,8x - 4.102\,1$
$R^2 = 0.231\,2$

2000年

2015年

图 5-2　绿色空间与 primacy 指数的关系

需要注意的是,虽然通过散点图可以拟合两个变量间的关系,但是这个简单的相关关系并没有考虑城市其他因素对绿色空间的影响,因此两者更准确的关系需要在控制城市经济、社会和气象等因素的基础上,使用更加严谨的多元回归模型进行判定。

5.3 变量与模型结果

5.3.1 变量选取

$$\ln(绿色空间) = 空间结构 + \ln(社会经济因素) + \ln(行政区划因素) + \ln(气象因素) + \varepsilon$$

$$(5-5)$$

除了因变量中国城市市辖区和市域的绿色空间面积占比和可达性、自变量空间结构指数等,多元回归模型中还包含一些与空间结构相关,同时影响因变量的控制变量。这些控制变量主要包括以下三类:

第一类,社会经济因素,主要包括人口密度、人均 GDP、建成区面积占比(市辖区)/建设用地面积占比(市域)、固定资产投资占 GDP 的比重等,这些变量涵盖了人口、经济和城市建设等影响绿色空间的主要方面(Byomkesh et al.,2012;Kabisch et al.,2013;Zhang et al.,2018)。人口和经济因素被加入模型有两个方面原因:一方面,随着城市人口和经济的不断增长,生产和生活对土地的需求会对城市内的绿色植被产生很大的威胁(Kong et al.,2006);另一方面,人口稠密地区和经济发达地区对绿地的强大需求会创造出更多的绿色空间,因为城市绿地作为一种人工或半人工的公共物品,其供给也在一定程度上取决于城市的经济状况(Zhao et al.,2013)。城市建设对绿色空间也具有双向影响:一方面,中国过去蓬勃发展的房地产业正在挤占城市中的绿色空间,以不透水面组成的城市建成区减少了绿色植被的面积(Byomkesh et al.,2012);另一方面,在规划建设的新城新区,以绿色规划为向导的高质量生产与生活区域可能会增加公共和私人绿地的供应(Arnberger et al.,2012)。在以上变量中,人口密度数据从 LandScan 全球人口分布数据计算得来,人均 GDP、建成区面积占比(市辖区)、固定资产投资占 GDP 的比重来自或计算自对应年份的中国城市统计年鉴,城市用地面积占比(市域)中的建设用地数据来自欧洲航空局的全球土地利用数据 Land Cover CCI 中编号为"190"的土地利用类型。

第二类,行政区划因素,以市辖区内区级单元个数和市域内市辖区、县和县级市的个数为代理,数据来自民政部网站。以市辖区为例,在中国的城市管理体制中,一个市辖区是由若干个区级行政单元组成的。每个区级单元都有自身的地方政府,随着国家生态建设上升至国家战略,"绿色城市"理念大规模普及,每个区级单元都会尽可能在自身的管辖范围内建设一定规模的绿地,以满足上级政府的生态业绩考核(张婷麟,2015)。因此,市辖区的区级单元个数不仅与空间结构相关,而且直接影响市辖区绿色空间的面积占比和空间分布。市域范围内的区县个数也会通过相似的方式影响市域的绿色空间面积与空间分布。

第三类,气象因素,包括年均温度、年均降水量和年均风速,数据来自国家气象科学数据中心提供的中国地面气候资料日值数据集(V3.0)。中国幅员辽阔,各个城市的气候差异很大。随着全球气候变暖,随时间变化的温度、降水和风速也会影响绿地的植被和景观。

模型中所用到的相关变量的描述性统计在表 5-2 中展示。

表 5-2 绿色空间模型相关变量的描述性统计

	变量	单位	样本量/个	平均值	标准差	最小值	最大值
市辖区	ln(绿色空间面积)占比	%/100	4 528	0.491	1.674	−7.708	5.738
	ln(绿色空间可达性)	%/100	4 528	−4.962	3.353	−73.300	0.304
	集中度 MWI	—	4 528	0.475	0.174	−0.207	1.101
	集聚度 Gini 系数	—	4 528	0.716	0.085	0.343	0.905
	ln(人口密度)	人/km²	4 528	6.561	1.043	2.379	10.660
	ln(人均 GDP)	万元	4 528	0.887	0.938	−7.235	3.327
	ln(建成区面积占比)	%	4 528	−3.077	1.185	−10.300	−0.029
	ln(固定资产投资占 GDP 的比重)	%	4 528	−0.627	0.637	−10.250	9.504
	ln(区级单元个数)	个	4 528	0.815	0.975	−5.794	3.135
	ln(全年平均风速)	m/s	4 528	0.714	0.357	−0.803	1.817
	ln(全年平均降水量)	mm	4 528	6.721	0.628	3.784	8.193
	ln(全年平均温度)	℃	4 528	2.545	0.570	−2.732	3.295
市域	ln(绿色空间面积占比)	%/100	4 352	−1.667	1.520	−7.916	−0.107
	ln(绿色空间可达性)	%/100	4 352	−2.574	1.526	−10.270	0.000

变量		单位	样本量/个	平均值	标准差	最小值	最大值
市域	primacy 指数	—	4 352	0.355	0.182	0.099	0.995
	ln(人口密度)	人/km²	4 352	5.662	0.921	1.559	9.124
	ln(人均 GDP)	万元	4 352	0.529	0.923	−6.661	3.082
	ln(城市用地面积占比)	%	4 352	−4.309	1.292	−9.977	−0.874
	ln(固定资产投资占 GDP 的比重)	%	4 352	−0.725	0.593	−6.596	3.845
	ln(区县个数)	个	4 352	1.778	0.522	0.693	3.296
	ln(全年平均风速)	m/s	4 352	0.708	0.355	−0.803	1.817
	ln(全年平均降水量)	mm	4 352	6.715	0.614	3.784	8.193
	ln(全年平均温度)	℃	4 352	2.532	0.572	−2.732	3.197

注:市辖区的个数为 283 个,市域的个数为 272 个,具体见第 3.2.1 节;研究的时间区间为 2000—2015 年。

5.3.2　基本结果与稳健检验

表 5-3 展示了市辖区和市域尺度空间结构对城市绿色空间面积占比和可达性影响的基准回归。四个模型的 Hausman 检验结果均为正显著,说明固定效应更有效,因此本章中所有的模型均采用面板数据固定效应模型。从表中可以看出,在市辖区尺度,人口分布的集中程度越小,人口越远离城市中心分布,集聚程度越大,人口越不成比例地组团分布,说明多中心结构的人口分布,会带来市辖区内更大比重的绿色空间,也会将绿色空间更多地带入人口稠密的城市中心地区。在其他变量中,较大的人口密度、较低的人均 GDP 和较多的区级单元个数,都会提高市辖区绿色空间的面积占比,而密度越高、固定资产投资较少则会促进绿色空间进入城市中心地区。

表 5-3　绿色空间模型的基准回归

类别	市辖区		类别	市域	
	面积占比	可达性		面积占比	可达性
集中度 MWI	−0.358 00*** (0.088 90)	−1.805 00*** (0.421 00)	primacy 指数	−0.073 60*** (0.028 40)	−0.463 00*** (0.164 00)
集聚度 Ginit 系数	1.243 00*** (0.239 00)	1.356 00** (0.630 00)			

类别	市辖区		类别	市域	
	面积占比	可达性		面积占比	可达性
ln(人口密度)	0.902 00*** (0.043 10)	0.322 00** (0.163 00)	ln(人口密度)	−0.039 90*** (0.009 80)	0.032 40 (0.031 20)
ln(人均GDP)	−0.132 00*** (0.021 00)	−0.018 20 (0.042 60)	ln(人均GDP)	0.002 35 (0.002 85)	0.027 50*** (0.009 06)
ln(建成区面积占比)	0.010 60 (0.031 30)	−0.063 20 (0.070 40)	ln(城市用地占比)	−0.066 10*** (0.004 99)	−0.145 00*** (0.015 90)
ln(固定资产投资占GDP的比重)	−0.016 20 (0.018 10)	−0.205 00* (0.117 00)	ln(固定资产投资占GDP的比重)	0.006 62** (0.002 85)	0.006 51 (0.009 08)
ln(区级单元个数)	−0.082 60** (0.039 70)	0.042 40 (0.036 30)	ln(区县个数)	−0.035 60** (0.016 70)	−0.018 70 (0.053 20)
ln(全年平均风速)	0.086 20 (0.060 80)	0.310 00 (0.382 00)	ln(全年平均风速)	0.064 80*** 0.008 46	0.047 60* (0.026 90)
ln(全年平均降水量)	−0.031 80 (0.032 60)	0.083 70 (0.199 00)	ln(全年平均降水量)	−0.013 20*** (0.005 07)	−0.005 47 (0.016 10)
ln(全年平均温度)	−0.031 30 (0.032 90)	−0.087 40 (0.064 50)	ln(全年平均温度)	0.005 55 (0.010 20)	0.020 80 (0.032 60)
常数项	−5.708 00*** (0.356 00)	−8.150 00*** (2.721 00)	常数项	−1.604 00*** (0.087 40)	−3.242 10*** (0.278 00)
样本量/个	4 528	4 528	样本量/个	4 352	4 352
拟合优度	0.611	0.020	拟合优度	0.147	0.049
Hausman检验	254.47***	29.58***	Hausman检验	106.16***	128.47***

注:括号中为标准误。***、**和*分别代表在1%、5%和10%的显著性水平下通过显著性检验。

　　在市域尺度中,primacy 指数越小,说明人口在各个区县之间的分布越均衡,越能够提高市域的绿色空间面积占比,也能够将更多的绿色空间引入主中心,让更多的人口接触到绿色生态。在其他变量中,较低的人口密度、较少的城市用地面积、较多的固定资产投资、较少的区县数量能够增加市域的绿色空间面积占比;而较高的人均 GDP、较少的城市用地面积能够增加主中心的绿色空间面积。

因此,无论是市辖区还是市域尺度,多中心结构都具有更高的绿色空间绩效。在单中心结构中,不透水面大多集中在城市中心(主中心),显著减少了城市中心的绿色空间面积(Jim et al.,2003;Hutyra et al.,2011);同时,由于城市中心可能出现的拥堵,以及较大的城市中心半径,绿色空间的可达性也会降低(Byrne et al.,2010)。在相对均衡的多中心结构中,不透水面从城市中心转移到副中心,使各个中心密度适中,绿色空间既可以进入各个中心,也可以存在于中心边缘,从而面积占比增加;同时,由于适中的密度,城市中心较高的交通效率和相对较小的中心半径,会提高居民接近绿色空间的可能性。

图 5-3 以市辖区为例,展示了多中心结构提高绿色空间绩效的方式。在这个简易的理想化模型中,假设绿色空间主要分布在人口聚集区的内部(如绿地、花园、林荫道等)、人口聚集区的边缘(以绿道组成的城市开发边界),以及城市郊区(如郊野、公园)。对于绿色空间面积占比,在多中心结构下,首先,由于去中心化,每个人口聚集区内的人口密度适当,使得更多的绿色空间进入人口集聚区内。其次,多中心结构相比单中心结构拥有更长的人口聚集区周长,因此,边缘地区的绿道也会带来更多的绿色空间。最后,郊区绿色空间远离城市中心,较少受到城市空间结构的影响。因此,整体来看,多中心结构相对于单中心结构拥有更多的人口聚集区的内部绿色空间和人口聚集区的边缘绿色空间。对于绿色空间可达性而言,首先,多中心结构相对于单中心结构拥有更小的半径,居住在其中的人口通过更短的路径就能达到绿色空间。其次,由于组团内相对较低的人口密度,通畅的交通也提高了内部和边缘地区绿色空间的可达性。

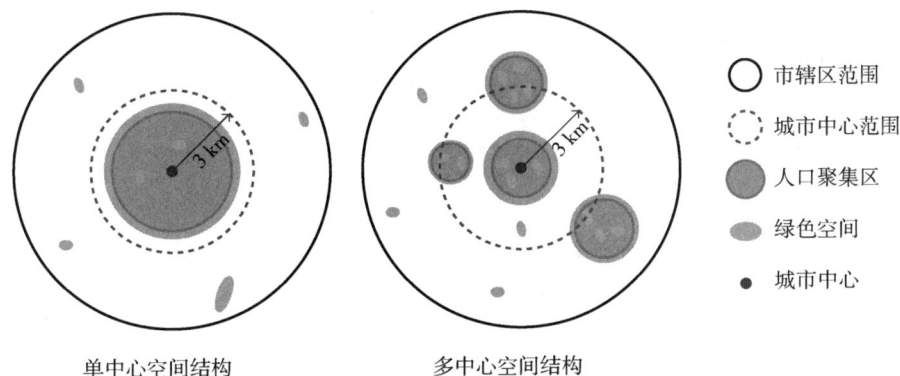

图 5-3　市辖区尺度多中心结构增加绿色空间绩效的图示

以上关于多中心结构能够增加市辖区和市域绿色空间面积占比和

可达性的一个重要前提是,多中心结构中的主中心和副中心相对于单中心结构拥有更小的半径和密度。为此,以2013年市辖区尺度为例,选取江苏省泰州市和山东省聊城市作为案例,两者的集聚指数(0.569 5和0.569 5)和人口规模(108.513万人和124.839万人)较为接近,但是集中指数(0.065 4和0.325 0)差异较大,由此看出,聊城市辖区是相对单中心结构,而泰州市辖区是相对多中心结构,两者同处于中国东部地区,区位相似,人口规模相近,具有可比性。此外,利用夜间灯光数据和门槛值法识别城市中心发现,聊城市辖区唯一的中心(灯光值为63)半径约为5 km,面积为30.1 km^2,而泰州市辖区有两个中心,半径为2.5—3.5 km,总面积为39.4 km^2。通过LandScan全球人口分布数据进一步分析城市中心面积发现,聊城市辖区的中心人口密度为8 152人/km^2,泰州市辖区两个中心的平均人口密度为5 177人/km^2。由此可见,多中心结构相对于单中心结构拥有半径更小、人口密度更低的城市中心,适合成为绿色空间绩效更优的空间结构。

基准回归虽然发现了多中心结构具有更高的绿色空间绩效,但是变量测度的不同可能会导致结果的变化,因此这一结论还需要更多的稳健检验来验证。

首先,空间结构指数的不同测度可能会影响估计结果的稳定性(张婷麟,2019)。在市辖区尺度,空间集中度指数MWI被依次替换为ACI和MADC,空间集聚度指数Gini系数被替换为Delta;在市域尺度,空间结构指数primacy被依次替换为HHI和Gini系数,表5-4显示,经过核心自变量空间结构指数的不同替换策略检验,模型结果十分稳健。在市辖区尺度,集中程度越小,集聚程度越大,绿色空间的面积占比就越大,城市中心地区的绿色空间就越多;在市域尺度,更加均衡的多中心人口分布同样具有更好的绿色空间绩效。

表5-4　稳健检验一:替换自变量

类别	市辖区		类别	市域	
因变量Y为绿色空间的面积占比					
将MWI替换为ACI	ACI	−0.392 0*** (0.067 9)	将primacy替换为HHI	HHI	−1.745 0*** (0.077 1)
	Gini系数	1.327 0*** (0.127 0)			
将MWI替换为MADC	MADC	0.779 0*** (0.134 0)	将primacy替换为Gini系数	Gini系数	−0.417 0** (0.212 0)
	Gini系数	1.265 0*** (0.123 0)			

类别		市辖区	类别	市域
将 Gini 系数替换为 Delta	MWI	−0.372 0*** (0.064 5)	—	
	Delta	1.439 0*** (0.122 0)		

因变量 Y 为绿色空间的可达性

类别		市辖区	类别		市域
将 MWI 替换为 ACI	ACI	−1.873 0*** (0.351 0)	将 primacy 替换为 HHI	HHI	−0.541 0** (0.245 0)
	Gini 系数	1.735 0*** (0.646 0)			
将 MWI 替换为 MADC	MADC	3.801 0*** (0.686 0)	将 primacy 替换为 Gini 系数	Gini 系数	−0.439 0*** (0.157 0)
	Gini 系数	1.429 0** (0.625 0)			
将 Gini 系数替换为 Delta	MWI	−1.854 0*** (0.330 0)	—		
	Delta	1.940 0*** (0.605 0)			

注:括号中为标准误。***、** 分别代表在 1%、5% 的显著性水平下通过显著性检验。需要注意的是,集中指数 MADC 越小,空间集中程度越大,这与集中指数 MWI 和 ACI 表示的符号方向相反。在各个稳健性检验中,同时控制了其他的控制变量。

其次,因变量的测量差异也会导致估计结果的变化。特别在本章中,对于市辖区尺度绿色空间可达性的测度,城市中心范围被定义为距离 LandScan 全球人口分布数据中人口数量值最大的栅格 3 km 的范围。不同城市的土地面积、人口规模差异较大,"一刀切"的 3 km 半径划定并不一定符合所有城市的现状,另外,政府所在地由于历史原因也有可能形成城市中心。鉴于此,本章采用不同的量化策略,以检验市辖区绿色空间可达性的测度对于结果稳定性的影响。如表 5-5 所示,采用四种不同的量化策略,分别将基准回归中 3 km 的城市中心半径依次改为 5 km、所有土地利用栅格距离城市中心的平均距离、所有土地利用栅格距离城市中心的中位数距离,结果发现,集中指数 MWI 显著为负,集聚指数 Gini 系数显著为正,与基准回归结果一致。但是,当把城市中心定义为市政府所在地时,集中指数 MWI 变得不显著,说明在市辖区尺度中,多中心的人口分布只能够增加以人口衡量的城市中心范围内的绿色空间占比。

表 5-5　稳健检验二:替换因变量(市辖区)

1. 将因变量 Y 换为:距城市中心 5 km 范围内的绿色空间面积占比			
MWI	-1.241^{***} (0.311)	Gini 系数	1.193^{**} (0.581)
2. 将因变量 Y 换为:所有土地利用栅格距离城市中心平均距离内的绿色空间面积占比			
MWI	-0.575^{*} (0.299)	Gini 系数	0.976^{*} (0.558)
3. 将因变量 Y 换为:所有土地利用栅格距离城市中心中位数距离内的绿色空间面积占比			
MWI	-0.702^{**} (0.299)	Gini 系数	1.025^{*} (0.559)
4. 将因变量 Y 换为:将城市中心定义为市政府所在地			
MWI	-0.292 (0.303)	Gini 系数	1.433^{**} (0.567)

注:括号中为标准误。***、** 和 * 分别代表在 1%、5% 和 10% 的显著性水平下通过显著性检验。在各个稳健性检验中,同时控制了其他的控制变量。

5.3.3　机制检验

在上一小节中,多中心结构被发现有利于提高市辖区和市域绿色空间绩效。但是人口的去中心化和人口在郊区的集聚为什么会增加绿色空间面积占比和空间可达性?这需要通过对工业企业空间分布的机制进行实证检验。

如图 5-4 所示,多中心结构主要通过将工业企业分散到郊区或副中心来增加绿色空间的绩效。首先,随着人口的去中心化,工业企业也会随之迁移到主中心之外,这将为主中心腾出大量的开敞空间,以用作绿色空间建设。其次,迁移到副中心的人口和工业企业会促进当地经济的增长,而经济增长是绿色空间建设的经济保障。最后,人口和工业的去中心化会导致主中心面积的缩小和密度的降低,大量的绿色空间分布到主中心和副中心附近,使得更多人口可以短距离地接触到绿色空间。因此,在这个逻辑链条中,接下来需要检验的就是,多中心结构会不会导致工业企业的去中心化。

在检验工业企业空间分布的影响机制之前,需要对几个关键点进行澄清:

第一,人口去中心化是否可以直接提高绿色空间的绩效?即工业企业空间分布作为影响机制的必要性。以居住为主要特征的生活空间和以工业生产为主要特征的生产空间占据了城市中的大部分土地,且两者是互相

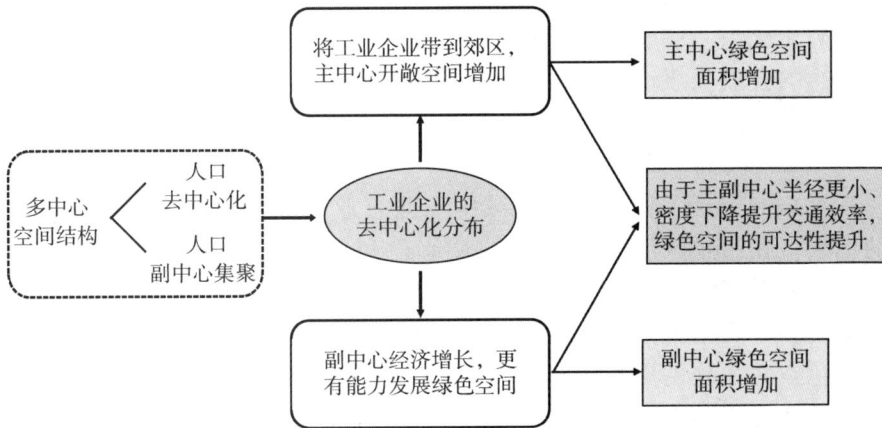

图 5-4　多中心结构通过工业企业的空间分布增加绿色空间绩效的路径解析

竞争、此消彼长的关系。如果仅仅是人口迁出主中心，那么生产空间势必会占据原来的生活空间，因为城市土地是商品，作为公共物品的绿色空间并不会因此增加。因此，只有工业企业随人口去中心化，主中心的空间才可能让渡给绿色空间。此外，工业是经济增长的引擎，只有工业企业迁入副中心，副中心经济才能快速增长，才有足够的资金支撑作为公共物品的绿色空间建设。否则，缺少工业带动的人口集聚副中心可能只是一座"睡城"，并不会有动力建设绿色空间。

第二，为什么一定是工业企业？首先，工业企业能够刺激绿色空间的发展。一方面，工业企业必须占据一定的土地，其生产过程的排放物也会威胁到绿色空间的发展；另一方面，政府部门和城市规划者为了改善城市生态环境，面对污染严重的城市，也会更加积极地建设绿色空间。因此，工业企业（而不是农业或服务业）的区位选择会影响到绿色空间的发展。其次，工业企业的生产在一定程度上依赖于土地。如果服务业随人口进行外迁，主中心并不会因此增加许多的闲置空间来建设绿色空间。

第三，工业企业空间分布的影响机制适用于中国的城市，但其并不一定具有全球普适性。在西方发达国家的城市化过程中，由于主中心的密度过高，交通拥堵、环境污染严重等问题频发，进而致使人口和企业向郊区迁移，主中心因此出现衰败。中国的城市人口规模大、密度高，即使人口和工业企业去中心化，主中心的人口规模和密度也能够维持在一定水平之上，并不会出现城市中心衰败的现象。另外，生态建设目前已经上升为国家战略，城市环境和绿色空间已经成为城府官员的政绩考核内容之一，因此主中心和副中心拥有足够的政策动力进行绿色空间建设。

在市辖区，工业企业的去中心化程度被量化为以 LandScan 全球人口分布数据中人口密度最大的栅格为中心，3 km 半径内工业企业的数量占市辖区全部工业企业数量的比值;在市域尺度,工业企业的去中心化程度被量化为主中心(人口规模最大的子单元通常是市辖区,也有可能是发达的县或县级市)的工业企业数量占市域工业企业数量的比值。其中,工业企业的数据来自中国工业企业数据库,年份跨度为 2000—2014 年。

表 5-6 展示了市辖区和市域中工业企业空间分布的机制传导检验的结果。在市辖区尺度,人口的去中心化和分散带来中心地区工业企业占比的降低,从而增加绿色空间面积占比和空间集中性。在市域尺度,均衡的多中心结构人口分布有利于降低主中心工业企业的占比,从而增加绿色空间面积占比和空间集中性。此结论与上文分析一致,即人口空间结构通过影响工业企业的空间分布,影响了市辖区和市域的绿色空间绩效。

表 5-6　机制传导检验:工业企业的空间分布

类别	市辖区			市域		
	因变量	面积占比	可达性	因变量	面积占比	可达性
步骤一	集中度 MWI	−0.358 00*** (0.088 90)	−1.805 00*** (0.421 00)	primacy 指数	−0.073 60*** (0.028 4)	−0.463 00*** (0.164 00)
	集聚度 Gini 系数	1.243 00*** (0.239 00)	1.356 00** (0.630 00)			
	其他变量	Y	Y	其他变量	Y	Y
	样本量/个	4 528	4 528	样本量/个	4 352	4 352
	拟合优度	0.611 00	0.020 00	拟合优度	0.147 00	0.049 00
步骤二	因变量	人口中心 3 km 范围内的企业数量占比		因变量	主中心工业企业数量占比	
	集中度 MWI	1.448 00*** (0.179 00)	1.448 00*** (0.179 00)	primacy 指数	0.840 00** (0.135 00)	0.840 00*** (0.135 00)
	集聚度 Gini 系数	0.160 00** (0.081 00)	0.160 00** (0.081 00)			
	其他变量	Y	Y	其他变量	Y	Y
	样本量/个	3 817	3 817	样本量/个	3 952	3 952
	拟合优度	0.056 90	0.056 90	拟合优度	0.412 00	0.412 00

类别	市辖区			市域		
	因变量	面积占比	可达性	因变量	面积占比	可达性
步骤三	集中度 MWI	−0.628 00*** (0.073 80)	−1.583 00*** (0.376 00)	primacy 指数	0.127 00* (0.053 10)	−0.249 00* (0.150 00)
	集聚度 Gini 系数	1.668 00*** (0.133 00)	1.624 00** (0.679 00)			
	人口中心 3 km 范围内的企业数量占比	−0.020 00*** (0.006 54)	−0.086 00** (0.033 30)	主中心工业企业数量占比	−0.002 03** (0.001 00)	−0.073 30*** (0.014 40)
	其他变量	Y	Y	其他变量	Y	Y
	样本量/个	3 817	3 817	样本量/个	3 952	3 952
	拟合优度	0.108 00	0.030 90	拟合优度	0.166 00	0.001 00

注:括号中为标准误。***、**和*分别代表在1%、5%和10%的显著性水平下通过显著性检验。在各个稳健性检验中,同时控制了其他的控制变量。步骤一的结果与表5-3的基准回归结果一样。步骤二与步骤三的样本量减少,是由于工业企业数据的时序较短(2000—2014年),且数据有缺失。Y 为"Yes",表示该模型控制了与基准回归相同的其他控制变量。

5.4 本章结论与启示

城市绿色空间对于城市生态环境的可持续发展和人类福祉的增加有重要作用。面对城市人口不断增长和建设用地不断增加的中国城市化,通过空间结构的调整来提高城市绿色空间绩效成为政策制定者和城市规划者的重要选项之一。本章从市辖区和市域两个尺度,研究了人口空间结构对城市绿色空间面积占比和空间可达性的影响。利用面板数据固定效应模型回归发现,不论是在市辖区还是市域尺度,多中心结构都具有更高的绿色空间绩效,能够提高绿色空间的面积占比和绿色空间的可达性。

通过替换基准回归中的自变量和因变量验证了结论的稳定性。在影响机制分析中发现,在市辖区和市域,随着人口的多中心分布,工业企业也会从城市中心和主中心向次中心转移,主中心的人口密度降低可以容纳更多的绿色空间,且由于较小的主、副中心半径,其中的居民可以以高效率的交通及更短的距离到达绿色空间。

在通过人口空间结构调整来提高绿色空间绩效的过程中,政策尤其重要。随着生态文明建设上升为国家战略,城市中生态环境要素的建设和保护也被放在重要位置,并成为地方官员政绩考核的重要内容之一。基于此,工业企业由于其污染性和对土地的需求,在城市化过程中会成为郊区城市化的主力。另外,在人口和工业企业去中心化以后,地方政府有动力将主中心内部腾出的空间建设成为绿色空间,这是本章中工业企业空间分布的影响机制能够成立的政策背景。在当前的政策红利下,政府部门和城市规划者要积极规划多中心结构的人口分布战略,通过人口多中心带动工业企业的去中心化,从而提高绿色空间的面积占比和可达性。

6 空间结构与热岛效应

6.1 引言

快速城市化所带来的环境后果之一是形成并加剧了城市热岛效应。城市热岛效应（urban heat island effect）是指城市地区的大气温度和地表温度相对于周围的郊区或农村更高的现象（Oke，1981，1982）。由于地表植被、地面材料和城市结构的不同，来自太阳辐射的热量和城市活动会使城市地区的温度相比周边郊区上升得更多，从而形成城市中心和外围的温度差（Gago et al.，2013；Middel et al.，2014）。其中，城市人口的分布格局在很大程度上会影响人工热源和城市下垫面的空间分布，从而影响城市的热环境（Rizwan et al.，2008；Martilli，2014；邬尚霖等，2015）。

建设低建筑密度和低人口密度的分散型城市，优化城市空间结构，是缓解严重的热岛效应的重要途径之一（Oke，1973；Chun et al.，2014；Yin et al.，2018）。但是，另一些研究表明紧凑城市可以通过降低能源消耗来降低热排放量（Stone et al.，2001）。因此，整体分散、局部紧凑的多中心结构可能是城市热环境规划的整体的、最佳的选择（Hajrasouliha et al.，2017；Yue et al.，2019）。

从城市空间形态来看，城市热岛效应形成的主要原因是人口和经济活动高度集中在了城市的中心地区（图 6-1），而外围的郊区和农村的人口相对较少且分散，这就造成中心地区的不透水面和热排放量增多，进而导致中心地区温度上升，而外围地区由于人口稀疏且空间开阔，温度较低。因此，单中心结构的人口分布可能会造成更严重的热岛效应，而主张去中心化的多中心结构可能会缓解热岛效应。

以往的研究大多从紧凑、分散、密度、形态等角度研究降低热岛效应的方法（刘焱序等，2017），极少有证据从多中心结构的角度进行研究，且少数相关的研究也没有形成一致的结论。在中国快速城市化的背景下，本章以 2003—2015 年的中国城市为样本，在市辖区和市域的空间尺度上研究多中心是否及如何影响热岛效应。研究发现，无论是在市辖区还是市域尺度上，以去中心化为主要特征的多中心空间结构能够有效降低热岛效应，而工业企业的空间分散起到了重要的机制作用。

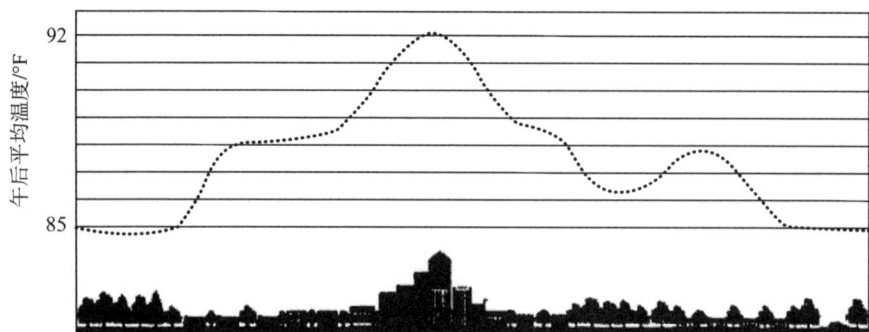

图 6-1 热岛效应图示

本章余下部分安排如下：第 6.2 节展示了热岛效应在市辖区和市域尺度上的空间适用性，测算的数据来源，以及中国城市市辖区和市域的热岛效应的时空演变，并以散点图和拟合直线的方式刻画了空间结构指数与热岛效应的相关关系；第 6.3 节使用面板数据固定效应模型，研究了空间结构对热岛效应的影响，并检验了工业企业空间分布在其中的影响机制；第 6.4 节是本章的结论与政策启示。

6.2 热岛效应的时空演变

6.2.1 热岛效应的空间尺度性

城市热岛效应的概念和内涵不仅强调中心与外围的温度差，而且关注城市与郊区的气流交换（彭保发等，2013）。城市热岛形成的基础是热量平衡，城市人口经济活动活跃，热量排放大，从而温度高，气流膨胀上升，形成低压；而郊区气温低，形成高压，由于压力差的存在，近地面的气流由郊区流向城市，高空中的气流由城市流向郊区，形成环流（图 6-2）。

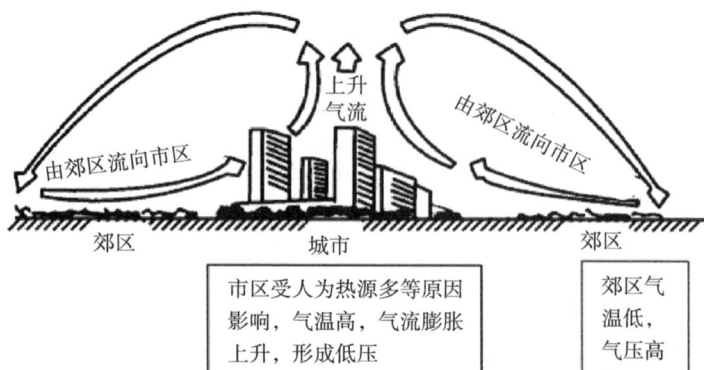

图 6-2 热岛环流图示

本书从行政地域的视角,将地级及以上城市的市辖区定义为单个城市,将地级及以上城市的市域视为拥有多个城市的城市区域。在此基础上,从市辖区的视角来看,"城市"是市辖区内人口最稠密、高楼最密集、经济活动最活跃的中心地区(如中央商务区),而"郊区"是市辖区内人口相对稀疏、以低矮楼房为主、生产活动不频繁的外围地区,这种设定基本符合经典城市热岛效应中对于"中心—外围"的假设。

市域是由多个城市组成的城市区域,相对而言,市辖区人口稠密、高层建筑较多、经济社会活动密集,而县和县级市通常人口相对较少、以中低层建筑为主、经济社会活动不强烈。在本章的设定中,市域尺度被简化为一个理想模型,市域内的市辖区被设定为"城市",市域内的县和县级市被设定为"郊区",以此构建市域尺度的热岛效应模型。虽然这是简化的模型,但合理之处如下所述:

(1)市域内的市辖区、县和县级市地理位置邻近,空间辐辏,有产生热岛环流的地理条件。如图 6-3 所示,在中国地级及以上城市中,市辖区距离县和县级市的平均距离较短,大多数都在 100 km 以内,超过 1/3 的县和县级市分布在距离市辖区 50 km 的范围内。奥克(Oke,1973)在其经典论文《城市规模与城市热岛》中,用于探测热岛强度的观测站点距离城市(文中指加拿大圣劳伦斯湾)超过 140 km。德伯格等(Debbage et al.,2015)的研究对象为美国最大的 50 个都市统计区,其单个面积远远超过中国的城市市域。在以中国城市为对象的研究中,曾侠等(2004)和刘学锋等(2005)分别以珠三角和河北省为例研究了热岛效应,基本的分析空间为城市市域。

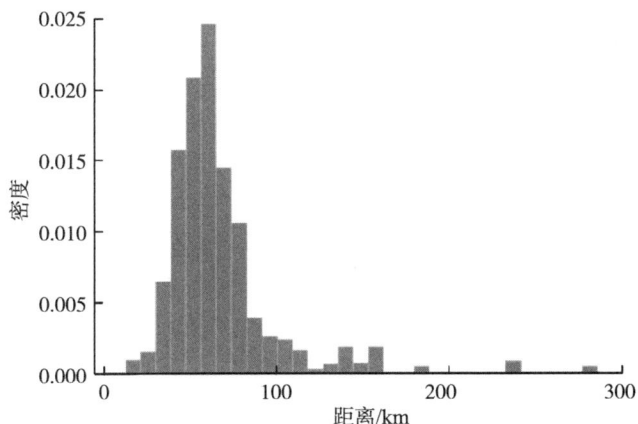

图 6-3 中国地级及以上城市市辖区距离县、县级市的平均距离

(2)市域中的市辖区和县、县级市在人口规模、人口密度、工业企业数量、能源消费等方面存在较大的差距,两者之间具备产生温度差的必要条件。

(3)大量实证发现,热岛强度与城市面积、城市人口规模成正比(Oke,

1973;Elsayed，2012;Debbage et al.，2015），即城市的面积越大、人口越多，城市热岛的辐射半径可能就越大。中国是世界上人口规模最大、国土面积排名第三的国家，2019 年城镇化率已超过 60%。因而将市辖区作为"城市"有充足的人口规模、面积、经济活动，进而产生足够多的热量，与"郊区"（县和县级市）进行大气环流。

6.2.2 热岛强度计算的数据来源

通常使用热岛强度来量化热岛效应的程度。热岛强度通常是指在城市或区域中，中心地区的平均温度与周围地区平均温度的差值。目前研究中最常用的全球温度数据是通过中分辨率成像光谱仪（Moderate Resolution Imaging Spectroradiometer，MODIS）反演而来。MODIS 是地球观测系统（earth observing system）项目发射的重要传感器，提供覆盖全球陆地、大气和海洋的统一产品。MODIS 覆盖了可见光、近红外和热红外范围（0.4—14.4 mm）的 36 个光谱波段，被广泛应用于全球海洋、大气和陆地等相关研究中。MODIS 分别搭载在美国航空航天局发射的 Terra 和 Aqua 两颗卫星上，于 1999 年 12 月和 2002 年 5 月发射升空。Terra 卫星大约在当地时间 10:30 和 22:30 由北向南穿过赤道，被称为晨星。Aqua 卫星大约在 1:30 和 13:30 由南向北以相反的方向穿过赤道，被称为午星。两颗卫星每 1—2 天采集一次重复观测数据，并实时向地面传输观测。

然而，由于云层覆盖面积每天超过全球表面的 60%，基于卫星的陆地表面温度（Land Surface Temperature，LST）数据中存在许多缺失值和低质量值。赵冰等（Zhao et al.，2019）研发了一个以中国为空间范围的 LST 数据集，时间跨度为 2003—2017 年，该数据集对原始 LST 图像中被云污染的缺失值和低质量的 LST 像素值进行过滤和去除，并通过重建模型获得云层覆盖下的真实地表温度。该模型结合 MODIS 日数据、月数据和气象站数据，重构云层覆盖下的真实 LST，通过建立回归分析模型进一步提高数据性能。经过验证表明，新的 LST 数据集与现场实测数据高度一致。中国六个气候条件不同的自然亚区，其地表温度均方根误差（root mean squared error）为 1.24—1.58℃，平均绝对误差（mean absolute error）为 1.23—1.37℃，拟合优度（R^2）为 0.93—0.99，平均为 0.97。新的数据集充分地捕捉了 LST 在年、季度和月尺度上的时空变化，空间分辨率为 5.6 km×5.6 km。

从 2003 年到 2017 年，中国全年平均气温呈现微弱增长（图 6-4）。此外，全球变暖趋势在中国的分布极不均匀，升温最显著的是内蒙古高原中部和西部地区，华北平原升温也较为明显，而东北部分地区有较强的降温趋势。

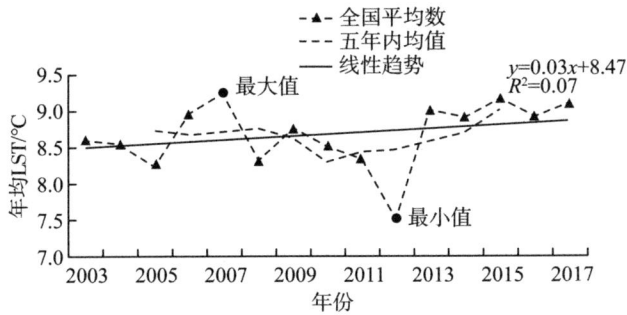

图 6-4　2003—2017 年中国年均 LST 的时间变化趋势

6.2.3　热岛强度的基础事实

1）热岛强度计算

通常,热岛强度(heat island intensity)被量化为城市与郊区,或城市中心地区与外围地区的温度差(查良松等,2009)。根据前文分析与设定,在市域尺度上,空间子单元为市辖区整体、县和县级市,将"城市"定义为市辖区,其他的县和县级市为"郊区",因此,市域尺度的热岛强度为市域内市辖区的温度与县和县级市温度的差值,具体计算公式为

$$\text{HII}_{\text{市域}} = M\_T_{\text{pop1}} - M\_T_{\text{pop其他}} \tag{6-1}$$

其中,$\text{HII}_{\text{市域}}$ 表示市域的热岛强度;M_T_{pop1} 代表市域内人口规模排名第 1 位的子单元(即市辖区)的年均温度;$M\_T_{\text{pop其他}}$ 表示市域内其他子单元(县和县级市)的年均温度。需要强调的是,本书中市域的热岛强度是市域内部的温度分布差异,并不包含市域与市域周边地区的温度差。

在市辖区尺度,"城市"被定义为以 LandScan 全球人口分布数据中人口密度最大的栅格为中心、半径为 10 km 的空间范围,而"郊区"则是围绕在城市外围的市辖区其他地区。由此可得,市辖区尺度的热岛强度为市辖区内城市中心(半径为 10 km)与外围的温度差,其计算公式为

$$\text{HII}_{\text{市辖区}} = M\_T_{\text{10km}} - M\_T_{\text{外围}} \tag{6-2}$$

其中,$\text{HII}_{\text{市辖区}}$ 表示市辖区的热岛强度;M_T_{10km} 代表人口最稠密地点 10 km 半径内的平均温度;$M\_T_{\text{外围}}$ 表示城市中心以外地区的平均温度。需要强调的是,在本书语境下,市辖区的热岛强度是市辖区内部的温度分布差异,并不涵盖市辖区与市辖区周边地区的温度差。

需要特别注意的是,"城市"被设定为唯一潜在的热源中心,这只是为了计算热岛强度方便,并不意味着本章假设"中国所有的市辖区和市域都是单一中心"。事实上,一些市域的县和县级市在人口、就业、GDP 等方面

甚至比市辖区更强,从而使市域表现出多中心的特征,例如,浙江省的温州市、江苏省的苏州市等。对于市辖区而言,虽然只有一个子单元的人口密度最高而被认定为"城市",但是如果多个子单元之间的人口密度差异不大,就可能形成多中心的格局。因此,热岛强度的计算与市辖区、市域的城市结构之间在理论上并不存在一一对应关系,两者之间的统计关系仍需通过较为严格的多元回归模型来确定。

2)市辖区尺度热岛强度时空演变

从时间趋势来看,市辖区的热岛强度在不断增强,从 2003 年最低的 −1.392℃上升到 2016 年最低的 0.804℃,虽然 2016 年的最大值有所降低,但是整体来看,2016 年中国市辖区整体的热岛强度是高于 2003 年的。造成这种情况的可能原因是,随着城市化的快速推进,市辖区的城市中心从外地流入了大量的人口和经济活动,导致城市中心温度的上升;或者是中小城市在总人口不变的情况下,郊区的人口和工业生产不断减少,从而造成郊区的降温。这两种原因都会导致市辖区热岛强度的增强。

从空间趋势来看,京津地区、长三角地区和成渝地区的热岛强度较高,这些地区人口稠密、经济发达,大多数城市都处于平原地区,地势平坦地区的城市(如北京、成都)容易形成环状的单中心结构人口分布,从而造成城市中心的热排放量较多、外围郊区热源排放量较少的结果。中部和西北地区的热岛强度较低,可能是因为这些地区的经济较不发达,人口分散分布,城市中心和外围郊区并没有显著的温度差异,因此没有形成强大的城市热岛。从 2003 年至 2016 年,市辖区热岛强度的空间分布较为稳定,结合时间趋势发现,高值和低值市辖区的热岛强度数值都在稳步增加。

在图 6-5 中,中部城市市辖区的热岛强度稍微偏低,东部、东北和西部地区城市市辖区的热岛强度偏高,且数值较为接近。从时间趋势来看,从 2003 年至 2016 年,上述四个地区的市辖区热岛强度普遍升高,其中东部和中部地区升高幅度较大,可能是人口和工业企业增多,中心地区的增速高于外围(Elsayed,2012),导致中心升温更快;东部和中部地区是我国人口最稠密的地区,人口大规模地集中于市辖区中心,对热岛强度的影响更大。北方城市市辖区的热岛强度明显高于南方城市,这可能是因为北方地势相对平坦,城市建设可以在相对集中的空间内,热源集中分布会导致城市中心的温度高于周边,而南方地势崎岖,城市建设较为零碎,生产和生活无法实现集中分布。将所有城市按照人口密度三等分后可以看出,低密度、中等密度和高密度市辖区的热岛强度差异不大。但是从时间趋势来看,中部地区的热岛强度增幅最大,这可能是因为中部地区的城市为了与东部地区进行经济政治竞赛,在市辖区内打造"超级 CBD",以此提升城市形象和经济增长能力,因此造成中部地区的市辖区中心与外围的热源差异增大,即热岛强度增大。

3)市域尺度热岛强度时空演变

从时间趋势来看,市域的热岛强度不断增强,最低值从 2003 年的

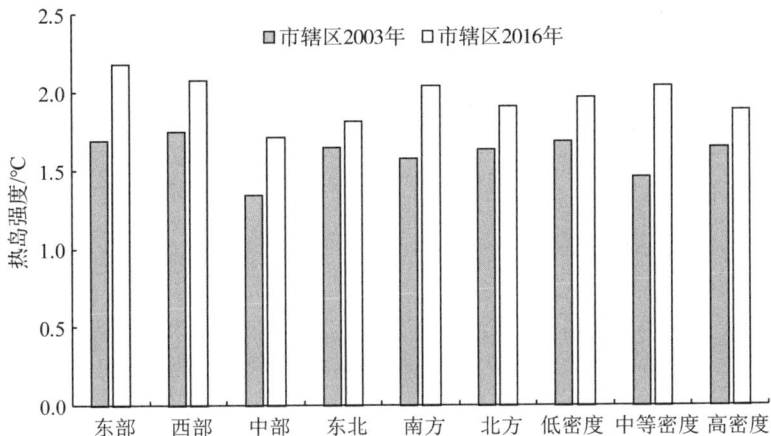

图 6-5　中国城市市辖区热岛强度的分类特征

0.240℃增长到 2016 年的 0.269℃,最高值从 2003 年的 6.126℃增长到 2016 年的 7.412℃,且最高值较最低值增长得更多,说明热岛强度大的市域温度提升得更快。且与市辖区热岛强度对比,市域的热岛强度更高,说明市域尺度上人口和经济活动等热源的空间集中程度更强。

从空间趋势来看,华北地区的市域热岛强度最低。从全国整体来看,市域热岛强度从中部向东部、东北和西部依次增加。这可能是因为中部和东部地区的市域经济发达,即使是县和县级市,也拥有稠密的人口和活跃的经济活动,因此平衡了市辖区与县、县级市的热排放量。而西部地区由于资源有限,市域内的绝大多数人口都集中在市辖区,从而造成市辖区温度升高,而县、县级市温度较低,进而提升了热岛强度。与市辖区热岛强度相比,市域热岛强度的绝对值相对较大,这是因为市辖区尺度内部是一个相对自由流通的空间,而市域内部的市辖区、县和县级市的行政边界效应较强,人口和工厂只有集中在市辖区(或经济发达的县)才能够享受到市场和较高的政策待遇。因此,在市域尺度,人口、工业企业等热源都倾向于集中在市辖区,在市辖区尺度,即便是单中心结构,外围地区也存在一定程度的热源,这就导致了市域热岛强度的绝对值大于市辖区。

从图 6-6 中可以看出,西部地区市域热岛强度明显高于东部、中部和东北地区,这可能是因为西部地区经济相对不发达,市域内大多数的人口、企业等都集中在市辖区,而县和县级市内的经济社会活动不频繁,由此造成市辖区相对于县和县级市的温差较大。北方市域热岛强度稍微高于南方,但差距并不明显。从城市密度来看,从低密度、中等密度到高密度市域,热岛强度依次递减,这可能与城市经济的发展阶段有关。高密度城市通常是经济较发达的城市,这些市域中不仅是市辖区、县和县级市,而且拥有较大的人口密度、工业企业数量,已经形成了相对均衡的多中心结构,因此,市辖区与县和县级市的温度并没有出现明显差异。

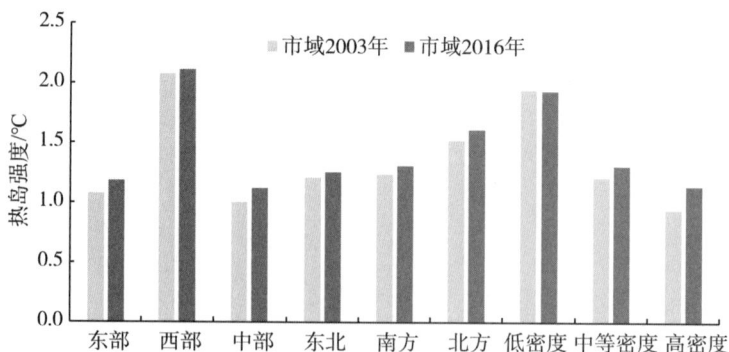

图 6-6　中国城市市域热岛强度的分类特征

6.2.4　空间结构与热岛强度的关系

在市辖区尺度上,空间集中度代表人口分布靠近城市中心的程度,空间集聚度表示人口不均匀分布的程度,这两个维度可以共同描述市辖区的空间结构。图 6-7 展示了市辖区尺度上空间集中指数 MWI 和空间集聚指数 Gini 系数与热岛强度的关系,从 2003 年和 2016 年可以看出,MWI、Gini 系数都与热岛强度呈正相关关系,说明人口靠近城市中心分布、人口不均匀地成团分布都会加剧热岛强度,这与现实情况基本一致,即人口是热量的主要排放源,因此,人口的集中、集聚都会加大热岛强度。但是,MWI 与热岛强度的拟合曲线的斜率要大于 Gini 系数与热岛强度的拟合曲线的斜率,说明相对于人口的不均匀分布,人口在空间上靠近城市中心分布更能够增强热岛强度。

从市域尺度来看(图 6-8),primacy 指数与热岛强度呈负相关关系,这似乎暗示着 primacy 指数越大,热岛强度越低,即单中心的市域结构能够降低热岛强度,但是拟合曲线的斜率很小,几乎可以忽略。以上这些通过散点图拟合直线得到的结论都是基于一元回归得到的简单相关关系,空间结构与热岛强度之间的统计关系还需要通过更加严格的多元回归检验获得。

6.3　变量与模型结果

6.3.1　变量选取

关于对城市热岛强度影响因素的探索,大量相关文献形成了较为一致的分析框架。土地利用(land use)、人为热源、人口、气象因素和空间形态/结构是影响热岛强度的主要因素。

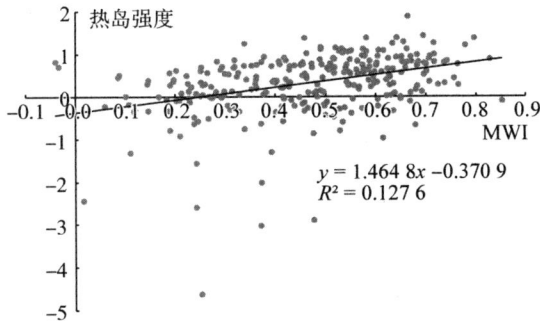

2003年

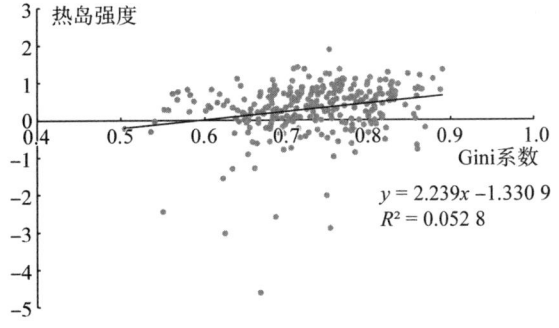

2003年

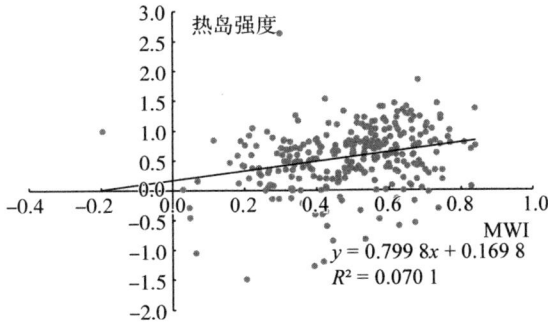

2016年

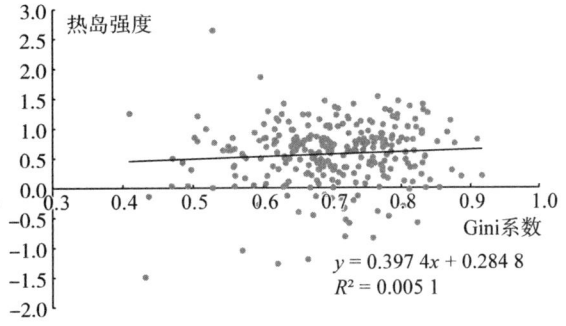

2016年

图 6-7　热岛强度与空间集中指数 MWI 和空间集聚指数 Gini 系数的关系

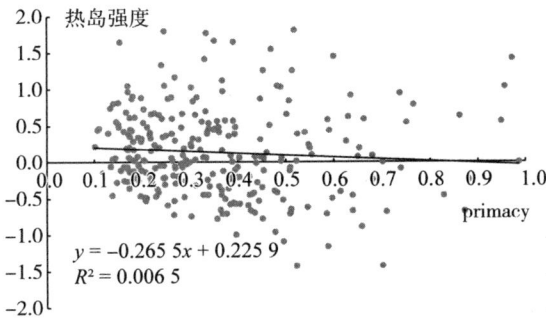

2003年

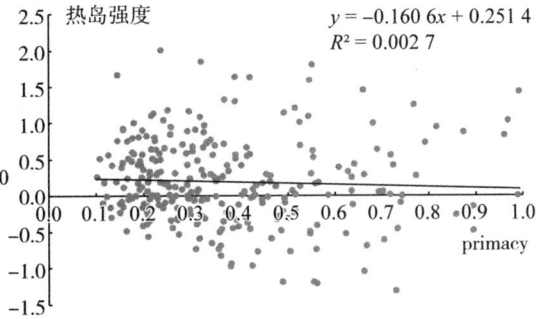

2016年

图 6-8　热岛强度与 primacy 指数的关系

　　从环境科学的角度来看,土地覆盖的组成是影响热岛强度的主要因素。在大量的实证研究中,热岛强度被认为与不透水表面呈正相关关系,与绿地呈负相关关系(Jenerette et al.，2007；Xiao et al.，2007；Yuan et al.，2007)。由于混凝土相对于绿地的比热容较小,城市建筑和道路在白天吸收太阳辐射后会迅速升温。太阳下山后,大气温度开始下降,这些储存的热量开始释放(Rizwan et al.，2008)。也就是说,在吸收了相同数量的太阳辐射后,不透水面比绿地升温快、降温慢,这是城市中心和郊区温差产生的根本原因。因此,计算市辖区人口密度最高点半径 10 km 内的不透水面面积占市辖区不透水面总面积的比值、市辖区人口密度最高点半径10 km 内的绿色空间面积占市辖区绿色空间总面积的比值、市域内市辖区的不透水面面积占市域不透水面总面积的比值,以及市域内市辖区的绿色空间面积占市域绿色空间总面积的比值,分别将其作为市辖区和市域土地利用的分布对于热岛强度影响的指标,并将其加入模型中。数据来自欧洲航空局开放的全球土地利用数据 Land Cover CCI,不透水面为前表 5-1 中编号为 190 的土地利用类型,绿色空间为第 5.2.1 节中所定义的土地利用类型。

除了太阳辐射外,城市热量主要由人类活动产生,包括建筑能耗、工业生产、交通排放等(Rizwan et al.,2008)。(1)住宅和商业建筑中的电气设备,如空调在运行过程中释放大量的热量,会直接加热周围的大气(Ashie et al.,1999),而电气设备释放的氟利昂被发现会破坏臭氧层,导致温室效应。(2)工业生产中的燃烧和加热会直接排放热量,同时工业生产的非期望产出(如 CO_2)也会加剧温室效应(Rizwan et al.,2008),由于工业企业的空间分布是本书的中介变量,因此不作为控制变量进入模型。(3)汽车排放的废气(如 $PM_{2.5}$)也可以通过温室效应使城市变暖(Sailor et al.,2004;Tran et al.,2006)。由于无法得到城市中心、市辖区、市域的部分数据(如电气设备数据、汽车排放量数据等),因此本章使用人口数据代替,具体做法为,计算市辖区内人口密度最高点半径10 km 内的人口规模占市辖区人口总规模的比值、市域内市辖区人口规模占市域人口总规模的比值,并将其分别作为市辖区和市域人为热源分布的代理变量。

气象条件也是影响热岛强度的重要因素(Kłysik et al.,1999;Kim et al.,2002)。例如,雨水多的地方往往有更多的河流和湖泊,而具有较大比热容的水自然会使局部环境变低;风速通过空气流通也会显著降低当地的温度。对于市辖区而言,国家气象科学数据中心提供的中国地面气候资料日值数据集(V3.0),目前仅公开了全国 800 多个气象站点的资料数据,这些气象站点不足以覆盖全国所有地级及以上城市(通过邻近城市的气象站点补齐后可以实现,如第 5 章),更遑论在市辖区内区分中心和外围。由于可得的数据并不支持识别市辖区中心和外围的温度,加之市辖区的面积相对较小,中心和外围之间的风速、降水差异并不会非常明显。因此,在本章的研究中,气象因素并未被纳入市辖区模型中。在市域尺度,对于市辖区或县、县级市没有气象站点的,通过邻近城市的气象站点补齐,从而计算了市辖区与县、县级市的风速比值、降雨量比值,以此作为市域尺度的气象条件代理变量。具体的补齐方法为:若市辖区没有气象站点,则用该地级市内县和县级市的气象站点数据补齐,这样基本补齐了所有市辖区的气象数据。针对没有气象站点的县和县级市,则用相邻城市最近的气象站点数据补齐(据实测,300 km 半径内可以补齐所有县和县级市的气象站点)。为了缓解热岛效应与风速、降雨量之间的反向影响,进行了滞后一年处理。

最后,人们越来越多地认为城市结构在热岛强度中起很大的作用(Gustafson,1998;Rizwan et al.,2008)。从微观角度来看,较大的天空可视度(Sky View Factor,SVF)被普遍认为有助于降低热岛强度(Giridharan et al.,2005;Chun et al.,2014)。在 SVF 较大的街区,稀疏的建筑分布会减少单位面积的热源,风速也可能较大。但是 SVF 在社区/街区尺度中使用较多,在城市尺度或区域的平均效应会降低该指标的有效性。从宏观上看,单中心、多中心结构是研究城市或区域热岛效应的热点。单中心性要求所有人口在空间距离上集中,形成高密度中心,而多中心性则允许几个人口集群适度分散在 CBD 之外,从而形成多个中密度中心(张婷麟,2019),因此,从理论上讲,相对均衡的多中心结构能够降低热岛强度。

市辖区和市域尺度中所涉及的变量如表 6-1 所示。

表 6-1　热岛强度模型相关变量的描述性统计

	变量	单位	样本量/个	平均值	标准差	最小值	最大值
市辖区	ln(热岛强度)	℃	3 962	0.423	0.595 0	−4.629	2.634 0
	集中度 MWI	—	3 962	0.479	0.173 0	−0.207	1.101 0
	集聚度 Gini 系数	—	3 962	0.711	0.086 6	0.343	0.917 0
	ln(城市中心 10 km 内不透水面占比)	%	3 962	−0.430	0.583 0	−4.575	1.322 0
	ln(城市中心 10 km 内绿色空间占比)	%	3 962	−0.233	0.562 0	−4.062	0.093 1
	ln(城市中心 10 km 内人口规模占比)	%	3 962	−0.631	0.467 0	−2.769	0.000 0
市域	ln(热岛强度)	℃	3 536	0.175	0.575 0	−1.780	2.003 0
	primacy 指数	—	3 536	0.360	0.183 0	0.101	0.995 0
	ln(市辖区不透水面占比)	%	3 536	−0.882	0.581 0	−4.414	4.337 0
	ln(市辖区绿色空间占比)	%	3 536	−0.431	0.741 0	−4.946	0.000 0

续表 6-1

变量		单位	样本量/个	平均值	标准差	最小值	最大值
市域	ln(市辖区人口规模占比)	%	3 536	−1.227	0.660 0	−2.982	0.000 0
	ln(市辖区与县、县级市的风速比)	%	3 536	−0.019	0.262 0	−1.147	1.015 0
	ln(市辖区与县、县级市的降雨量比)	%	3 536	−0.042	0.204 0	−1.161	0.907 0

注：市辖区的个数为 283 个，市域的个数为 272 个，具体见第 3.2.1 节；研究的时间区间为 2003—2015 年。

6.3.2 基本结果与稳健检验

表 6-2 展示了市辖区和市域尺度的空间结构对城市热岛强度影响的基准回归模型。两个模型的 Hausman 检验系数显著为正，说明固定效应模型更加有效。基于面板数据固定效应回归，并使用稳健标准误的模型结果显示，在市辖区尺度上，集中度 MWI 的值显著为正，集聚度 Gini 系数的值显著为负，说明市辖区内部人口分布的集中程度越低，人口越远离中心分布，集聚程度越高，人口越不成比例地组团分布，则热岛强度越低，这就意味着多中心的人口空间结构有利于降低热岛效应。在市域尺度上，primacy 指数显著为正，说明市域内市辖区的人口占比越高，县和县级市的人口越少，则热岛强度越大，也就是说相对均衡的多中心人口分布有利于降低热岛强度。因此，无论是市辖区还是市域尺度，多中心结构都是降低热岛效应的最好选择。

表 6-2 热岛强度模型的基准回归

市辖区热岛强度		市域热岛强度	
集中度 MWI	0.043 90*** (0.026 00)	primacy 指数	0.487 00** (0.139 00)
集聚度 Gini 系数	−0.938 00** (0.132 60)		
ln(城市中心 10 km 内不透水面占比)	0.020 30** (0.010 00)	ln(市辖区不透水面占比)	0.053 80*** (0.014 70)
ln(城市中心 10 km 内绿色空间占比)	−0.010 40 (0.053 20)	ln(市辖区绿色空间占比)	−0.016 10 (0.017 00)

市辖区热岛强度		市域热岛强度		
ln(城市中心 10 km 内人口规模占比)	0.342 00*** (0.037 90)	ln(市辖区人口规模占比)	0.137 00*** (0.032 00)	
		ln(市辖区与县、县级市的风速比)	−0.025 40 (0.022 10)	
		ln(市辖区与县、县级市的降雨量比)	−0.001 24 (0.016 80)	
常数项	1.326 00*** (0.106 00)	常数项	0.117 00 (0.079 70)	
样本量/个	3 679	样本量/个	3 536	
拟合优度	0.005	拟合优度	0.048	
Hausman 检验	101.55***	Hausman 检验	116.71***	

注:括号中为稳健标准误。***、** 分别代表在 1%、5% 的显著性水平下通过显著性检验。

人口和工业企业是城市最主要的热源,其空间分布在很大程度上影响着温度分布。以市辖区为例,人口从中心地区分散到郊区副中心,工业企业也随之疏解,这可能导致:一方面,中心地区由于热源的减少,温度显著下降;另一方面,人口和工业企业分散至市辖区内的多个副中心,这会在一定程度上轻微提升外围的温度。因此,整体来看,在市辖区内,中心地区的温度显著降低,外围地区的温度轻微升高,这将会导致两者的温度差大大降低。

在其他变量中,市辖区城市中心 10 km 内相对于外围不透水面越多、人口规模越大,热岛强度越大。在市域尺度中,作为主中心的市辖区相对于县和县级市,拥有更多的不透水面、更大的人口规模,热岛强度更大。

空间结构可以通过影响工业企业的空间布局来影响热岛强度。当城市中的大多数人口都集中在城市中心附近时,单中心结构会吸引工业企业也布局在城市中心,从而使其更接近消费市场、接近行政部门以降低交易成本,这样热源在空间的集中会显著提高中心地区的温度而降低郊区的温度,进而增加热岛强度。当城市中心发生人口去中心化,并重新积聚在郊区时,工业企业也会从城市中心向外疏解并布局在郊区,随着工业企业的外迁,城市中心温度显著降低,而郊区温度轻微上涨,因此,相比于单中心结构,多中心结构会降低热岛强度。

具体而言,多中心结构能够降低热岛强度的原因主要在于,工业企业是城市中最主要的热源之一,而随着工业企业向郊区疏解,城市中心的温度会显著降低,同时郊区的温度会有轻微增加,根据热岛强度的计算方法,此时多中心结构下的热岛强度会显著降低,即多中心结构对城市中心降温的绝对值会大于副中心对郊区升温的绝对值(图6-9)。在有限的城市中心空间内集中的工业企业能够强烈增加城市中心的温度,而当这些工业企业分散到面积大、空旷、通风良好的郊区后,可能只会引起郊区轻微的升温。

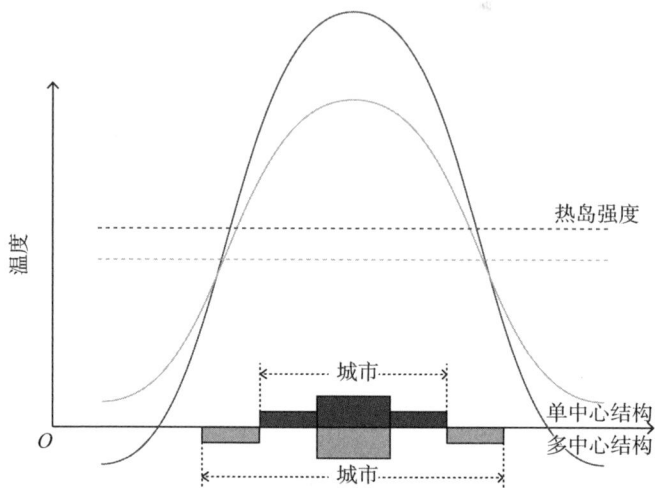

图 6-9　单中心与多中心结构下的热岛强度示意图

从模型结论的稳定性来看,不同的变量测度可能会导致估计结果的变化。为了检验多中心结构能够降低热岛强度这一结论是否具有稳健性,本书依次替换模型中的因变量和自变量,以此检验变量测度对于估计结果的影响。如表6-3中所示,在模型中,依次把年均热岛强度替换为夏季热岛强度(5月、6月、7月)、冬季热岛强度(11月、12月、1月)。结果发现,除了市域尺度因变量为冬季热岛强度时primacy指数不显著之外,多中心结构稳健地有利于降低热岛强度。另外,市辖区的空间集中指数MWI被依次替换为ACI、MADC,集聚指数Gini系数被替换为Delta,市域的primacy指数被依次替换为HHI、Gini系数,结果非常稳定地支持多中心结构有利于降低热岛强度的结论。

另外,在热岛效应模型中,只有当"城市"达到一定规模,中心与外围才会形成温差,从而形成环流,过小的"城市"无法形成足够的温度与外围形成温度差。为此,将市辖区人口密度最高点半径10 km内的不透水面面积占市辖区不透水面总面积的比值从高到低排序,删除该比值数值较小的后1/3数据,只保留比值较大的前2/3数据,形成市辖区的数据集进行回归分析。同样将市域内市辖区的不透水面面积占市域不透水面总面积的比值进行排序,删除该比值数值较小的后1/3数据,只保留比值较大的前2/3数据,形成市域的数据集进行回归分析。所得的回归结果如表6-4所示。从表中可以看出,即使删除那些不透水面占比较小的市辖区和市域样本,回归结果依然稳健。因此,中国城市市辖区和市域空间结构对热岛强度的影响不会因为不透水面规模的差异而发生改变。

表 6-3　稳健检验一:替换因变量与自变量

市辖区		市域	
稳健1:替换模型中的因变量指标			
因变量 Y:夏季热岛强度		因变量 Y:夏季热岛强度	
集中度 MWI	0.125 0** (0.063 0)	primacy 指数	0.471 0** (0.225 0)
集聚度 Gini 系数	−0.773 0*** (0.184 0)		
因变量 Y:冬季热岛强度		因变量 Y:冬季热岛强度	
集中度 MWI	0.352 0* (0.194 0)	primacy 指数	0.370 0 (0.307 0)
集聚度 Gini 系数	−0.154 0*** (0.295 0)		
稳健2:替换模型中的自变量指标			
集中度 ACI	0.148 0* (0.089 9)	HHI	0.623 0*** (0.198 0)
集聚度 Gini 系数	−0.998 0*** (0.135 0)		
集中度 MADC	−0.114 0** (0.058 0)	Gini 系数	0.346 0*** (0.130 0)
集聚度 Gini 系数	−0.951 0*** (0.132 0)		
集中度 MWI	0.001 0* (0.000 0)	—	
集聚度 Delta	−1.053 0*** (0.086 9)		

注:括号中为稳健标准误。***、** 和 * 分别代表在 1%、5% 和 10% 的显著性水平下通过显著性检验。需要注意的是,集中指数 MADC 越小,空间集中程度越大,这与集中指数 MWI 和 ACI 表示的符号方向相反。在各个稳健性检验中,同时控制了其他的控制变量。

表 6-4　稳健检验二:检验不透水面占比的异质性

市辖区热岛强度		市域热岛强度	
集中度 MWI	0.802 00*** (0.188 00)	primacy 指数	0.582 00*** (0.182 00)
集聚度 Gini 系数	−1.671 00*** (0.252 00)		
ln(城市中心 10 km 内不透水面占比)	−0.131 00 (0.125 00)	ln(市辖区不 透水面占比)	0.073 20*** (0.025 00)
ln(城市中心 10 km 内绿色空间占比)	−0.045 60 (0.097 20)	ln(市辖区绿色空间占比)	−0.000 00 (0.019 90)
ln(城市中心 10 km 内人口规模占比)	0.444 00*** (0.118 00)	ln(市辖区人口规模占比)	0.094 30 (0.057 50)
		ln(市辖区与县、 县级市的风速比)	−0.008 96 (0.027 00)
		ln(市辖区与县、 县级市的降雨量比)	0.011 20 (0.021 60)
常数项	1.590 00*** (0.227 00)	常数项	−0.071 80 (0.121 00)
样本量/个	2 452	样本量/个	2 357
拟合优度	0.029 90	拟合优度	0.001 10

注:括号中为稳健标准误。***代表在 1%的显著性水平下通过显著性检验。

　　以去中心化为主要特征的多中心结构被发现有利于降低城市热岛强度,但杨龙等(Yang et al.,2016)的研究认为这有可能是以整个尺度内平均气温升高为代价的。他们认为,工业企业从主中心相对均匀地转移到了副中心,主中心的轻微降温无法抵消广阔郊区的剧烈升温。为此,本章分别计算了市辖区和市域的平均温度(全年、夏季和冬季),替换基准回归中的因变量,结论显示,未发现多中心结构会增加尺度内平均温度的证据(由于此实证并不与热岛强度直接相关,因此实证结果放在附录 5 中)。

6.3.3 · 机制检验

　　与前文相似,在市辖区,以 LandScan 全球人口分布数据中人口密度最大的栅格为中心,将 10 km 半径内工业企业的数量占市辖区全部工业企业数量的比值作为中介变量指标;在市域尺度,将主中心(市辖区)的工业企业数量占市域全部工业企业数量的比值作为中介变量指标。其中,工业企业的数据来自中国工业企业数据库,时间跨度为 2000—2014 年。本小节需要验证的是,在市辖区和市域尺度,多中心的人口分布结构是否通过将工业企业分散到郊区的方式来降低热岛强度。

表 6-5 展示了基于逐步法的机制传导检验结果。在步骤一中,市辖区的空间集中度显著为正,集聚度显著为负,说明低集中度和高集聚度有利于降低热岛强度,即多中心结构具有更高的绩效;在市域尺度,primacy 指数显著为正,说明越多的人口分布在主中心,热岛强度就越大,即人口相对均衡分布的多中心结构能够降低热岛强度。

在步骤二中,市辖区的空间集中度显著为正,表明人口在空间上靠近城市中心,将有利于将工业企业集中在城市中心;在市域尺度,primacy 指数显著为正,说明人口在主中心的集聚会吸引工业企业也布局在主中心。步骤二的实证结果发现了工业企业会随着人口的迁移而同方向改变布局地点。

在步骤三中,在控制了人口中心 10 km 范围内的企业数量占比后,市辖区的空间集中度显著为正、集聚度显著为负,说明多中心的人口结构有利于降低热岛强度,且由于控制变量后的集中度与集聚度依然显著,说明工业企业空间分布所起到的是部分中介效应,可能还存在其他的影响路径。在市域中,在控制了主中心工业企业数量占比后,primacy 指数显著为正,说明多中心结构有利于降低市域的热岛强度。primacy 指数的显著,也说明工业企业空间分布所起到的是部分中介效应。

通过本小节的实证模型结果发现,市辖区和市域的人口分布可以通过影响工业企业的空间布局来影响热岛强度。在表 6-5 的步骤三中,在控制了工业企业的空间分布指标后,市辖区和市域的空间结构指数依然显著,说明工业企业的空间分布在空间结构对热岛强度的影响中起到了部分中介的作用。这个部分中介可以从两个方面来理解:一方面,从理论上讲,人们的空间分布格局可以直接影响热岛强度。除了生产的热排放量,人们的生活(如家庭烹饪、燃煤、家用电器的使用)都会释放热量,通过加热周边空气进而提升温度。因此,人口分布稠密的地方温度增加剧烈,而人口稀疏的地区就会相对凉爽。此外,人口分布稠密的地方通常建筑较为密集,这会显著影响地区的通风状况,进而影响地区温度。另一方面,与工业企业空间分布的中介效应并列,空间结构还可以通过影响交通排放量来影响局部地表温度。具有职住均衡特征的多中心结构人口分布能够明显降低远距离通勤,从而降低交通热排放量。虽然单中心结构的人口分布由于高密度也可能会提高职住邻近性而降低通勤距离并减少热排放量,但是高密度的单中心结构通常伴随着交通拥堵,汽车在低速和频繁制动的情况下会显著增加热排放量。

表 6-5　机制传导检验:工业企业的空间分布

类别	市辖区		市域	
步骤一	因变量:市辖区热岛强度		因变量:市域热岛强度	
	集中度 MWI	0.043 90＊＊＊ (0.026 00)	primacy 指数	0.487 00＊＊ (0.139 00)
	集聚度 Gini 系数	−0.938 00＊＊ (0.132 60)		
	其他变量	Y	其他变量	Y
	样本量/个	3 679	样本量/个	3 536
	拟合优度	0.005 00	拟合优度	0.048 00
步骤二	因变量:人口中心 10 km 范围内的企业数量占比		因变量:主中心工业企业数量占比	
	集中度 MWI	0.439 00＊＊＊ (0.116 00)	primacy 指数	1.136 00＊＊＊ (0.268 00)
	集聚度 Gini 系数	0.520 00＊＊＊ (0.166 00)		
	其他变量	Y	其他变量	Y
	样本量/个	3 288	样本量/个	3 264
	拟合优度	0.390 00	拟合优度	0.137 00
步骤三	因变量:市辖区热岛强度		因变量:市域热岛强度	
	集中度 MWI	0.041 60＊＊ (0.021 20)	primacy 指数	0.587 00＊＊＊ (0.153 00)
	集聚度 Gini 系数	−0.879 00＊＊＊ (0.142 00)		
	人口中心 10 km 范围内的企业数量占比	0.019 60＊＊＊ (0.011 00)	主中心工业企业数量占比	0.023 00＊＊ (0.010 40)
	其他变量	Y	其他变量	Y
	样本量/个	3 288	样本量/个	3 264
	拟合优度	0.002 00	拟合优度	0.002 40

注:括号中为稳健标准误。＊＊＊、＊＊分别代表在 1%、5%的显著性水平下通过显著性检验。Y 为"Yes",表示该模型控制了与基准回归相同的其他控制变量。

6.4 本章结论与启示

热岛效应不仅会影响城市生态环境的可持续发展,而且会增加居民的能源消耗,威胁人们的身心健康。除了海绵城市建设、优化城市绿色空间等措施外,城市空间结构的调整也被认为是缓解热岛强度的主要措施。热岛效应形成的根本原因是人口和经济活动等热排放源在空间上高度集中于城市中心,从而造成城市中心与郊区的温度差。多中心结构是将城市中心内拥挤的人口分散到郊区,并在郊区将其重新集聚,形成主副中心互相协作、多组团的人口分布格局。多中心结构一方面降低了城市中心的人口密度,减少了热排放源;另一方面人口在郊区重新集聚形成副中心,在轻微提升副中心温度的同时并不会损失集聚经济。

在实证中,本章从市辖区和市域两个尺度,利用美国航空航天局的地表温度数据构建热岛强度指标,探究空间结构对于热岛强度的影响以及影响路径。利用面板数据固定效应模型研究发现,无论是市辖区还是市域尺度,多中心的人口空间分布结构都有利于降低热岛强度,经过更换因变量、更换自变量、删除不透水面占比比较小的样本等一系列稳健检验后,发现结论依旧非常稳健。然后,将工业企业的空间分布作为中介变量实证后发现,人口的去中心化能够将工业企业从市中心带到郊区,这将显著降低城市中心的温度,轻微地增加郊区的温度,从而降低热岛强度。

在实践的过程中,地方政府通常倾向于集中资源发展大城市和做强城市中心,以此显示政绩,从而在"政治晋升锦标赛"中占据优势。例如,在市辖区内建设"超级 CBD"、将市域的资源集中在市辖区,使市辖区在人口、基础设施、建筑密度等方面都远远高于县和县级市,这种单中心结构模式发展下的城市会形成严重的热岛效应。本章的研究结果发现,从城市热岛效应的角度出发,在城市发展过程中,要注重空间结构的优化,塑造强大的城市 CBD 虽然有助于展示城市形象,但是对于城市热环境的影响无疑是负面的。中国很多城市提出的新城新区建设,通过将城市中心或主中心的人口分散到副中心,带动工业企业的外迁,这种实践能够显著降低城市中心的温度,从而缓解城市热岛效应。

7 研究结论与政策启示

7.1 城市生态绩效综合分析

城市生态的内涵丰富,在本章的逻辑框架中,空气污染、绿色空间建设和城市热岛效应是其主要内容。在不同的空间尺度下,空间结构对于不同城市生态要素的影响也有差别,但是对于具体的城市规划而言,一项规划的实施是同时作用于城市生态整体的,城市生态整体构成了可持续发展的体系,因此,需要综合评估空间结构的生态绩效,以此选择合适的城市空间结构规划类型。

根据表 7-1 的结果,对于空气污染来说,市辖区尺度的单中心结构具有更高的绩效,而在市域尺度中,相对均衡的多中心结构可以降低 $PM_{2.5}$ 的排放量。此时,不同的市辖区和市域要有针对性地选择适合自身尺度的空间结构,以降低空气污染物的排放量。

表 7-1　城市空间结构的生态绩效综合分析

类别		空气污染	绿色空间建设	城市热岛效应
绩效	市辖区尺度	单中心结构	多中心结构	多中心结构
	市域尺度	多中心结构	多中心结构	多中心结构
	总体	单/多中心结构	多中心结构	多中心结构

对于绿色空间建设和城市热岛效应而言,无论是在市辖区还是市域尺度,多中心结构都能够带来更高的绩效。也就是说,在市辖区和市域尺度,规划多中心的人口分布结构,不仅可以增加绿色空间的面积占比、提高绿色空间的整体可达性,而且可以显著降低热岛强度,改善城市的热环境,而这些绩效都是通过工业企业的去中心化实现的。

从以上实证分析来看,似乎并不存在一种完美的空间结构能够统一提高所有城市生态要素的绩效。从城市生态的内容来看,多中心结构可以提高城市绿色空间建设的绩效,并降低热岛强度。对于空气污染物的排放量,单中心结构在市辖区更有效,而多中心结构在市域尺度更有效。从城市空间尺度来看,多中心结构可以改善市域尺度上三种主要的城市生态要素,而单中心结构被发现仅能降低市辖区尺度的空气污染物排放量。因此,单中心和多中心结构在生态绩效维度并不都是完美的,针对不同的城市生态要素可以发挥不同的作用。在城市规划的实践中要实事求是,具体问题具体分析,采取有针对性的规划策略。

总之,从城市生态整体绩效的提升来看,需要针对不同的空间尺度、不同的城市生态内容,因地制宜地选择合适的空间结构。

7.2 研究结论

本书构建了城市生态的内涵框架,并基于 LandScan 全球人口分布数据库测算城市和城市区域尺度上的空间结构指数,采用面板空间杜宾模型、面板数据固定效应模型分别研究了市辖区和市域尺度上,空间结构对城市 $PM_{2.5}$ 排放量、绿色空间建设和城市热岛效应的影响。在基准回归、稳健检验后,以工业企业的空间分布为中介变量,探究了空间结构是如何影响城市生态环境的,并由此构建起空间结构—工业企业的空间分布—城市生态的影响机制链条。基于全文的分析结果,本书归纳出以下几条主要结论:

7.2.1 减污、增绿和防灾构建起城市生态优化的研究框架

城市生态要素的种类纷繁多样,选择关键和典型的生态要素才能全面展现城市生态的整体状况,同时回应城市生态建设的实践需求。本书从实践和理论角度,利用词频分析和文献可视化分析工具 CiteSpace 统计分析发现,空气污染、绿色空间建设和城市热岛效应不仅是城市中出现最多、最受关注的生态环境问题,而且是全球学术研究的热点和前沿。以空气污染为代表的"减污"维度、以绿色空间建设为代表的"增绿"维度和以城市热岛效应为代表的"防灾"维度,既能够全面涵盖城市生态,又能够掌握其重点和关键问题。以"减污、增绿、防灾"为主要目标的城市生态问题的解决,能够联动处理一系列相关的城市生态问题,并能够以点带面地引领城市生态品质的提升。

上述发现回应了本书城市生态内涵的思辨,即在中国城市中,哪些生态要素既是城市生态环境的关键和典型,又可以代表城市生态的整体。"减污、增绿、防灾"分别从空气和污染、土地和绿色、城乡和热环境三个视角展开,既代表着城市生态环境的各个方面,也从现实角度高度概括了中国城市最主要的生态问题。

7.2.2 市辖区和市域的降污策略不同

中国城市的空气污染问题覆盖面广、污染程度深。为此,本书利用北京大学陶澍院士课题组所公开的 $PM_{2.5}$ 排放量数据,从中国地级及以上城市的市辖区和市域两个空间尺度,探究了空间结构对空气污染的影响。研

究发现,人口单中心结构有利于降低市辖区的 $PM_{2.5}$ 排放量,多中心结构有利于降低市域的 $PM_{2.5}$ 排放量,且不会因为数据来源和指标测度发生改变。利用 2000—2014 年中国工业企业数据库计算市辖区和市域的工业企业空间分布,并以此作为中介变量研究发现,单中心结构将工业企业集中在市辖区的中心,而多中心结构将工业企业分散到副中心。由此可能导致市辖区集中分布的工业企业通过集聚经济(知识溢出以提高技术水平、邻近可以共享环保设施、集中分布便于政府监管)降低污染物排放量,而市域分散的工业企业通过将节省的地租和劳动力成本用于环保投入,加之副中心的集聚经济,共同降低了 $PM_{2.5}$ 的排放量。

上述发现回应了本书空间结构尺度差异性的理论思辨,即空间结构在不同尺度会产生不同的生态绩效。本质上,单中心和多中心结构都是依靠集聚经济来提升绩效,不同之处可能在于,在相对小尺度的市辖区,人口集中产生的集聚正效应占主导,而随着尺度扩大至市域,人口集中产生的集聚负效应应随之显现,因此需要去中心化来形成多个中心,从而保证每个中心都是集聚正效应占主导,这与弗里德曼(Friedmann,1966)的区域空间结构演化理论是一致的。

7.2.3　多中心可以提升市辖区和市域的绿色空间建设绩效

随着中国城市化进程的加快,建设用地快速增加,城市绿色空间遭大量蚕食。为此,本书利用 2000—2015 年欧洲航空局公开的土地利用数据,从市辖区和市域两个空间维度,研究了人口空间结构对绿色空间面积占比和可达性的影响。研究发现,无论是在市辖区还是市域尺度,多中心结构不仅有利于增加绿色空间的面积占比,而且有利于提升绿色空间的可达性,且该结果不会因为因变量和自变量指标测度的差异而变化。利用工业企业的空间分布作为中介变量时,经机制分析发现,多中心结构将工业企业从主中心转移到副中心,由此可能提升绿色空间建设绩效的原因在于,多中心结构相对于单中心结构而言,拥有半径更小、密度更低的人口聚集区,绿色空间不仅能够进入聚集区内部,而且会大量分布在聚集区边缘,加之低密度带来高效率的交通,不仅增加了绿色空间分布的规模,而且会使居民更容易到达绿色空间。

上述发现回应了本书关于多中心结构有利于降低集聚不经济的思辨,即单中心结构虽然保护了外围的绿色空间,但由于较长的城市中心半径和高密度可能带来的交通拥堵,城市中心地区缺少绿色空间,而且居民难以达到外围的绿色空间。相同人口规模下的多中心结构以去中心化的方式降低集聚不经济。首先,主中心密度的降低使绿色空间得以进入,外围副中心经济的增长也支撑了绿色空间建设,从而使绿色空间面积占比增长;其次,主中心密度降低导致交通效率提升,较短的半径和较长的周长也提升了居民到达绿色空间的可能性。

7.2.4　多中心结构有利于降低市辖区和市域的热岛强度

城市热环境的恶化严重威胁了城市居民的身心健康和城市的可持续发展。为此,本书利用 2003—2015 年 MODIS 数据的地表温度反演计算市辖区和市域的热岛强度,研究是单中心还是多中心结构能够降低城市热岛效应。面板数据固定效应的研究发现,无论是在市辖区还是市域尺度,多中心结构都有利于降低热岛强度,结果不会因为指标测度的不同而发生变化。机制实证分析发现,多中心结构将市辖区和市域的主要热源——工业企业从中心地区转移到了外围。这可能会导致中心地区的降温和外围副中心的轻微升温,进而使热岛强度下降。同时,没有发现多中心结构可以增加市辖区和市域平均温度的证据。

上述发现回应了本书关于多中心结构的去中心化功能,即在市辖区和市域尺度上,将集中在主中心的人口和工业企业疏散到郊区的副中心,其本质是人为热源在空间上的分散,带来中心和外围的温差降低。但是去中心化也不是在郊区的完全分散,多中心结构还包括郊区的再集聚维度,这保证了工业企业在副中心也能享受到集聚经济所带来的好处,这是多中心结构能够疏散工业企业,进而降低热岛强度的关键所在。

7.2.5　人口空间结构能够带动工业企业空间分布以实现城市生态绩效的提升

空间结构大多借助中介因素对城市生态发挥作用。不同于以往关注交通行为的机制影响,本书重点研究了工业企业在城市中的集中和分散。实证研究发现,相对均衡的多中心人口分布会将工业企业从城市中心分散到郊区,而单中心结构会将工业企业集中在城市中心地区。由此带来的优势可能是,工业企业的集中分布更容易产生规模经济和集聚经济,从而提升科技水平、降低交易成本、共享基础设施、降低单位污染物排放量;而分散分布的工业企业将更多的资金用于减排和除污,且更宽松的空间环境也不会让企业陷入逐底竞争。

上述发现回应了本书关于城市化影响工业企业空间分布的理论思辨,即城市化(人口的分布与迁移)与工业企业的空间分布是互相促进、互相影响的两个过程——工业企业的空间分布能够引领城市化的发展,城市化也能促进工业企业的合理布局,而本书的目的在于通过实证,检验人口的空间布局可以通过影响工业企业的空间分布来影响城市生态这条路径。

7.2.6　空间结构对城市生态具有尺度适用性

城市与区域的空间结构在演变动力和演变形式方面存在的显著差异,

导致两个尺度的空间结构在指标测度、模型结论方面的不同。本书将地级及以上城市的市辖区作为单个城市,将城市市域作为拥有多个城市的区域,在此基础上,市辖区的空间结构被量化为空间集中指数和空间集聚指数两个维度,而市域的空间结构被量化为 primacy 指数,即首位城市的人口占市域人口总数的比值。研究发现,在市辖区尺度,单中心结构有利于降低平均的 $PM_{2.5}$ 排放量;而在市域尺度,均衡的多中心结构的人口分布则拥有更好的空气质量。这可能是因为,尺度差异性会导致人口由集聚经济转向集聚不经济,从而使人口分布由集中转向分散,这是不同空间尺度产生不同生态绩效的主要原因。

上述发现也回应了本书关于空间结构尺度异质性的思辨,空间结构必须在一定的空间尺度语境下才有意义。单中心与多中心结构并没有优劣之分,只是城市或区域为了应对经济、社会或生态问题,适应性采取的一种规划手段,两者之间也是可以转化的。随着空间尺度的扩大,市辖区的单中心结构可能会变成市域的多中心结构,市域尺度的多中心结构也可能会变成省级尺度下的单中心结构。

总之,本书通过"减污、增绿和防灾"构建起了城市生态优化的完整框架。在市辖区和市域尺度上的实证研究表明,空间结构对城市生态要素的影响没有形成统一结论,单中心结构在市辖区尺度能够降低污染物排放量,而多中心结构在市域的绿色空间建设和城市热岛效应方面具有更高的绩效。此外,工业企业的空间分布在空间结构与城市生态之间起到了机制传导的作用,表明在多中心结构的实践过程中,可以从调整人口的空间布局着手,工业企业的集中与分散会跟随人口的迁移而变化,进而影响城市的生态绩效。在中国"政治晋升锦标赛"和"财政分权"的背景下(周黎安,2007),地市政府可能会为了政治前途考量,在城市郊区或市域外围建设工业园区、新城新区,以此寻求政绩提升,这在一定程度上对市域的空气污染、市辖区和市域的绿色空间建设、城市热岛效应有所助益,但是对于市辖区的空气污染物排放量可能起到负面作用。

7.3 政策启示

本书的实质是优化和调整人口空间布局,通过影响生产活动的空间布局来实现生态空间的优化。人口的单中心或多中心分布会带动工业企业在城市中的集中或分散,从而影响生态要素的绩效。中国目前正在如火如荼地进行新城新区和工业园区建设,虽然这些行为大都基于经济增长的目的,但是这些多中心结构的发展策略客观上也会对城市的生态环境产生影响。基于本书的实证研究,可能的政策启示如下:

7.3.1 高密度的集中紧凑并不一定适用于中国的城市生态优化

在欧美发达国家的理论和实践中,高密度的集中紧凑布局被认为不仅可以通过提高邻近性和可达性来降低交通排放量(Stone et al.，2007)，而且可以通过抑制蔓延来改善城市极端高温事件(Stone et al.，2010; Martins，2012)。但是，基于欧美国家低密度甚至蔓延的城市得出的结论可能并不适用于中国城市。2017年，美国的人口密度为35.6人/km²，而同时期中国的人口密度达到144.3人/km²，美国城市的人口集中和集聚能够带来集聚经济和规模经济，从而优化生态环境，但是中国城市的人口密度已然较高，紧凑高密度的单中心结构发展模式可能会带来集聚不经济，从而导致交通拥堵、资源浪费和环境污染。因此，在市辖区和市域的空间规划中，要注意现有人口密度的高低，对于较小尺度的市辖区，单中心结构具有改善空气质量的绩效；而对于尺度较大的市域，需要通过人口去中心化，在保证经济发展和人口集聚的基础上，避免过度集聚带来的集聚不经济，以提高生态绩效。

但是需要注意的是，此条政策建议只是从本书的结论中总结而来，对城市生态规划可能有效，并不具有普遍的推广意义。因为中国人口众多，土地面积相对有限，现如今的高密度城市发展策略在一定程度上是适应中国国情的战略，并无可过分指摘的地方。此处认为的高密度的集中紧凑并不一定适用于中国的城市生态优化的结论，可能还需要进一步与城市经济绩效、社会绩效等融合，以提出更适合中国国情的、提升城市全面绩效的发展战略。

7.3.2　因地制宜为不同空间尺度和不同生态要素选择合适的空间结构

本书的结论表明，并不是所有空间尺度、所有生态要素都用于多中心结构，简单地、盲目地推进单中心或多中心结构战略都有生态风险。如果需要降低市辖区的$PM_{2.5}$排放量，单中心结构无疑具有更高的绩效；如果要完善市辖区和市域的绿色空间建设、降低市辖区和市域的热岛强度，相对均衡的多中心结构更加有效；另外，如果要改善市域尺度的工业和生活水污染问题，紧凑的单中心结构更加有效。在城市治理和规划的实践中，极少存在某个城市所有生态要素水平皆低的情况，更常见的是，城市中的某个生态要素需要优化，因此，选择对应的空间结构类型是改善城市生态的前提和条件。

7.3.3　新城新区在一定程度上有利于提高城市部分生态要素的绩效

中国目前正在如火如荼地建设新城新区，如上海的浦东新区、郑州的郑东新区、河北省的雄安新区等，通过将原城市中心冗余的人口疏解到新城中，在保证老城区和新城集聚经济的同时，避免了拥堵对环境的破坏。人口在新城的集聚，伴随而来的是工业企业从老城区向新城转移，由此减少老城区的污染和热排放量。但是也需要注意，在市辖区边缘建设新城新区和工业园区不利于空气质量的提升,在市域尺度的多中心结构发展也不利于水污染的治理。新城新区和工业园区的建设在一定程度上会提升市域和市辖区的部分生态绩效,但是在规划和实践中,还是要具体问题具体分析,因地制宜地根据城市自身的状态选择合适的空间结构。

7.3.4 发挥政府在人口流动和生产力布局中的积极作用

无论是单中心还是多中心结构的人口分布,除了居民"用脚投票"的市场行为外,政府对于人口居住和就业空间的调控作用也尤为重要。在工业企业的选址过程中,政府可以通过土地许可制度和地方税收规定进行引导和规范。政府除了要合理引导人口和工业企业的空间布局外,还要克服自身体制的影响。很多地方政府倾向于打造"巨型 CBD"以彰显城市形象,或盲目地建设新城新区以在"政治晋升锦标赛"中有所表现,这些政策本身没有绝对的对错之分,但是政府要根据市辖区或市域的生态情况进行合理选择,尽量减少为了追求政治业绩而牺牲城市生态的情况。

7.4 未来展望

本书在市辖区和市域尺度上探究了空间结构对于城市生态的影响,并且验证了工业企业空间分布的影响机制。虽然在研究框架、作用机制和研究尺度上有所创新,但是也存在许多不足之处,可以在未来的研究中进一步完善,具体表现在以下几个方面:

7.4.1 完善并提高中介效应的检验方法

在计量经济学中,中介效应的检验方法从逐步法升级为自助(bootstrap)法,后者的最大优点在于可以直接检验系数乘积(ab,详见第 4.3.4 节)。但是,自助法却不适合本书,主要因为:第一,自助法无法使用空间计量模型,其内设的估计方法为普通最小二乘法,无法捕捉空间单元之间的空间自相关,会导致严重的估计偏误(详见第 4 章)。第二,自助法采用的数据结构为混合数据,而本书的数据类型为面板结构(时间×城市),同时,自助法也无法使用固定效应,无法消除模型中那些不随时间变化的因素,会使模型面临遗漏变量的风险。第三,自助法只允许存在一个核心自变量 X,但是本书在市辖区尺度,空间结构被量化为空间集中维度和集聚维度两个变量,也就是说市辖区尺度无法使用自助法,这就会导致市辖区与市域尺度中介效应检验方法的不一致。最后,本书选择了逐步法,但是如前所述,逐步法的最大缺点在于无法检验 ab 的显著性,即无法精确判断机制传导效应是否存在。但是,逐步法对于本书的适用性在于,可以清晰地识别自变量对中介变量的影响、中介变量对因变量的影响,从而可以更好地指导现实。除此之外,结构方程模型也可以用来检验影响路径(Cui et al.,2016),但是常用于社会学的个体研究。在未来的研究中,应寻找更合适的方法,将空间计量方法、面板数据固定效应、多个自变量融入中介效应检验中,既能够保证方法的可靠性,又能够提高检验精度、指导实践。

7.4.2　加强识别空间结构影响城市生态的因果关系的研究

虽然本书在散点图拟合直线的基础上,采用多元回归的面板数据固定效应模型检验了空间结构对城市生态的影响,但是严谨地讲,这只是一种相关关系,验证的是自变量对因变量的影响,并非自变量是"原因",因变量是"结果"。对于城市生态规划实践而言,通过人口空间分布的调整能否实现城市生态状况的优化,需要严谨的因果关系支撑,因为相关关系的结果也可能是反向的,即城市生态也会对空间结构产生影响。在城市空间结构的研究中,仅有的几篇因果关系的研究都是基于工具变量(Instrumental Variable,IV)法。例如,孙斌栋等(2016)利用1953年第一次全国人口普查数据构建城市规模分布指数,作为2000年和2010年人口空间结构的IV,并利用一级河流密度进行过度识别检验,从而研究城市规模分布对经济的影响;张婷麟(2019)以2000年90m分辨率的数字高程模型(Digital Elevation Model,DEM)数据为基础,计算了中国每个市辖区的集中度和集聚度,以此作为就业集中度和集聚度的IV。以上两个研究都是利用地形作为人口或就业分布的IV,研究地形对经济增长的影响。但是本书的因变量为城市生态,其与地形之间的外生性不够;同时,本书是面板数据,地形不随时间变化,两者在时间序列上不匹配。除此之外,阿尔费尔特等(Ahlfeldt et al.,2019)在研究人口密度对植被密度的影响时,将一个城市的人口密度在全国的排名作为人口密度的IV,这个IV虽然满足了相关性和外生性的假设,但是并不具有政策含义,缺少理论和实践的指导意义。在未来研究中,寻找或设计合格的IV,以精确验证空间结构对城市生态的因果影响,对于城市规划实践具有重要的意义。

7.4.3　补充空间结构影响城市生态的案例研究和个体行为研究

诚然,通过大量的样本和计量经济模型得到的规律性结论具有普遍适用性,但是不同的城市、不同的发展阶段都具有不同的社会经济特征,所适用的空间结构也就不尽相同(张婷麟,2019)。规律性的结论无法直接指导城市规划实践,当具体到某一个市辖区、市域的空间结构优化时,还是要因地制宜地根据当地的人口特征、生态现状具体问题具体分析。因此,进行单个城市的案例分析就十分必要,这能够深入地剖析一个城市的特征,并得出符合这个城市特征的政策建议。事实上,很多以往的研究已经基于单个城市的案例做了很多方面的研究,但是无法像本书一样覆盖城市生态的多个重要因素。

本书利用空间计量模型探究了空间结构对城市生态的影响,规律性的结论对大多数的城市和区域的生态建设具有指导意义,但是这容易造成"只见数字,不见人"的弊端,因为不同的居民对于空间结构的敏感性和感知度是不同的,且个人"用脚投票"的居住和就业行为会改变城市的人口空间分布结构(Horton et al.,1971;柴彦威等,2016)。相对于只基于城市区域的研究,个体行为研究能够发现具有不同社会经济属性的个人对于空间结构的反应塑造,以及在此空间结构条件下对城市生态的影响(柴彦威等,2017)。在此领域内,已有学者尝试从个体微观角度考察城市空间结构、建成环境对碳排放(马静等,2013;Ma et al.,2013;杨文越等,2020)、绿地可达性(Wu et al.,2018)、能源消耗(Zhao et al.,2017)的影响。与本书的差异之处在于,本书的结论是基于城市整体的、平均的生态绩效,而这些个体微观研究可以精确地探查多中心或单中心结构是否真实地促进了个体能够获得更多的清洁空气,更接近绿色空间,更少地遭受城市热浪的袭击。更多微观个体数据的开放,更精确的居住就业位置信息、机动车通勤行为信息、休闲出行信息等大数据的获得,使得个体行为的空间结构生态绩效研究成为可能。

7.4.4 系统地拓展空间结构对城市生态影响的其他作用机制

本书实证研究了空间结构通过影响工业企业的空间分布来对城市生态要素产生影响,主要关注的是工业企业的空间分布在其中所承担的机制传导作用。工业企业是城市生态的重要影响因素之一(Sun et al.,2020a),除此之外,家庭的居住行为及交通出行行为既受城市空间结构的影响,也会对碳排放产生影响。以城市居民为主体的家庭碳排放(胡杰等,2014)、居住碳排放(刘修岩等,2016)、日常出行碳排放(肖作鹏等,2011)、购物出行决策(张文佳等,2009)、家庭居住面积(Sun et al.,2020a)都已经作为作用机制被重点研究。

另外,空间结构也显著影响了能源消费水平,从而可能会对城市生态产生进一步的影响。例如,布朗斯通等(Brownstone et al.,2009)发现每平方英里(约 2.6 km²)1 000 个住房单元(约占加权样本平均值的 40%)的较低密度意味着每年每户多消耗 65 gal(约 0.3 m³)燃料(约占加权样本平均值的 5.5%)。刘超等(Liu et al.,2011)使用结构方程模型,没有发现城市形态对机动车能源消耗有直接影响。马蒂利(Martilli,2014)发现,紧凑城市的建筑容积率更低,可以最大限度地降低空间供热和制冷的建筑能耗。另外,罗(Lo,2016)发现居住在紧凑地区的居民并不会通过减少开车来降低能源消费对环境的影响。综上,以家庭消费、家庭出行、能源消耗为作用机制的研究已经逐渐受到重视,但是并没有系统梳理,在以后的研究中应该系统梳理,并做整体的、全面的研究。

附录 1 文献可视化分析工具 CiteSpace 有关中英文文献的分析设定

关键词内容组成：第一类，城市空间结构的关键词；第二类，城市生态的关键词。

关键词组合方式：每一类关键词内部采用"或"（or）连接，即只要包含一类关键词中的一个即可；两类关键词之间采用"且"（and）连接，即至少要包含每一类关键词中的一个。

1) 英文文献的关键词[①]

城市空间结构的关键词：urban spatial structure（城市空间结构）、urban structure（城市结构）、city spatial structure（城市空间结构）、city structure（城市结构）、city form（城市形态）、urban form（城市形态）、polycentric*（多中心）、monocentric*（单中心）、urbanization（城市化）、aggregation（集聚）、dispersion（分散）、sprawl（蔓延）、decentration（去中心化）。

城市生态的关键词：ecologic*（生态）、environment*（环境）、pollut*（污染）、low carbon（低碳）、green（绿色）、livable（适合居住的）、sustainab*（可持续）、climate（气候）。

2) 中文文献的关键词[②]

城市空间结构的关键词：城市化、城镇化、都市区、空间结构、城市结构、城市形态、城市格局、集聚、人口密度、就业。

城市生态的关键词：生态、环境、自然、宜居、污染、破坏、绿色、低碳、可持续发展、健康、景观、气候。

附录 1 注释

① * 表示以该词为词根的单词都会入选。检索时语种限定为英语（English）。

② 中文检索时，除了将这些词作为关键词，还将这些词作为标题进行检索，两者之间以"或"连接。

附录 2 市辖区和市域的样本城市

在本书中,市辖区尺度的样本城市有 283 个,具体如附录表 2-1 所示。

附录表 2-1 市辖区尺度的样本城市

东部 (85 个)	枣庄市、深圳市、杭州市、淮安市、韶关市、龙岩市、衡水市、上海市、青岛市、滨州市、台州市、邯郸市、茂名市、连云港市、温州市、南京市、泰州市、宿迁市、德州市、泉州市、梅州市、清远市、金华市、威海市、宁波市、北京市、承德市、张家口市、湖州市、聊城市、秦皇岛市、日照市、烟台市、汕头市、绍兴市、石家庄市、邢台市、湛江市、三亚市、江门市、泰安市、盐城市、宁德市、常州市、唐山市、天津市、镇江市、汕尾市、临沂市、莆田市、漳州市、沧州市、三明市、莱芜市、惠州市、南平市、佛山市、厦门市、海口市、衢州市、潮州市、云浮市、潍坊市、嘉兴市、福州市、珠海市、广州市、徐州市、东营市、济南市、舟山市、扬州市、揭阳市、阳江市、无锡市、苏州市、济宁市、保定市、廊坊市、肇庆市、河源市、淄博市、菏泽市、丽水市、南通市
中部 (80 个)	咸宁市、岳阳市、太原市、漯河市、运城市、信阳市、铜陵市、鹰潭市、十堰市、益阳市、宜昌市、宣城市、张家界市、合肥市、三门峡市、临汾市、邵阳市、周口市、池州市、淮南市、阜阳市、朔州市、湘潭市、六安市、安庆市、武汉市、晋中市、芜湖市、南昌市、襄阳市、淮北市、九江市、上饶市、赣州市、怀化市、永州市、宜春市、抚州市、景德镇市、新余市、忻州市、安阳市、娄底市、滁州市、洛阳市、荆州市、荆门市、商丘市、长沙市、新乡市、驻马店市、亳州市、黄冈市、黄山市、吕梁市、马鞍山市、衡阳市、常德市、平顶山市、许昌市、长治市、鄂州市、大同市、蚌埠市、随州市、株洲市、阳泉市、南阳市、萍乡市、黄石市、吉安市、郑州市、鹤壁市、焦作市、开封市、郴州市、濮阳市、孝感市、晋城市、宿州市
西部 (83 个)	贺州市、雅安市、临沧市、广安市、陇南市、来宾市、商洛市、宝鸡市、固原市、克拉玛依市、宜宾市、兰州市、乐山市、梧州市、昆明市、平凉市、攀枝花市、乌鲁木齐市、包头市、呼和浩特市、南充市、崇左市、曲靖市、遵义市、巴中市、贵港市、吴忠市、白银市、榆林市、拉萨市、银川市、桂林市、铜川市、广元市、保山市、通辽市、酒泉市、南宁市、鄂尔多斯市、自贡市、眉山市、玉林市、石嘴山市、巴彦淖尔市、昭通市、柳州市、张掖市、丽江市、西安市、天水市、安顺市、绵阳市、河池市、金昌市、武威市、赤峰市、达州市、西宁市、北海市、重庆市、贵阳市、定西市、乌海市、咸阳市、渭南市、防城港市、中卫市、百色市、泸州市、钦州市、汉中市、内江市、资阳市、安康市、庆阳市、成都市、德阳市、玉溪市、遂宁市、乌兰察布市、延安市、普洱市、六盘水市
东北 (35 个)	七台河市、抚顺市、鹤岗市、锦州市、牡丹江市、盘锦市、哈尔滨市、大庆市、大连市、吉林市、双鸭山市、阜新市、朝阳市、伊春市、齐齐哈尔市、佳木斯市、长春市、沈阳市、铁岭市、松原市、通化市、黑河市、鸡西市、葫芦岛市、辽源市、辽阳市、营口市、丹东市、本溪市、白城市、鞍山市、绥化市、四平市、白山市、呼伦贝尔市

在本书中,市域尺度的样本城市有 272 个,具体如附录表 2-2 所示。

附录表 2-2　市域尺度的样本城市

东部 (78 个)	杭州市、常州市、惠州市、日照市、汕尾市、金华市、临沂市、无锡市、盐城市、青岛市、梅州市、上海市、南京市、南平市、茂名市、菏泽市、漳州市、云浮市、徐州市、廊坊市、北京市、清远市、揭阳市、德州市、泰州市、扬州市、烟台市、舟山市、丽水市、泉州市、承德市、广州市、保定市、滨州市、邯郸市、宁德市、福州市、潮州市、宁波市、韶关市、莆田市、南通市、阳江市、衢州市、嘉兴市、绍兴市、石家庄市、连云港市、淄博市、潍坊市、东营市、江门市、肇庆市、三明市、宿迁市、台州市、汕头市、温州市、聊城市、济南市、龙岩市、济宁市、天津市、镇江市、淮安市、威海市、湛江市、沧州市、秦皇岛市、枣庄市、湖州市、衡水市、张家口市、河源市、邢台市、泰安市、唐山市、苏州市
中部 (78 个)	三门峡市、襄阳市、荆州市、蚌埠市、咸宁市、濮阳市、焦作市、宣城市、洛阳市、张家界市、商丘市、阳泉市、娄底市、许昌市、鹤壁市、朔州市、周口市、宜春市、阜阳市、马鞍山市、晋城市、驻马店市、长沙市、铜陵市、宜昌市、十堰市、池州市、萍乡市、株洲市、漯河市、南阳市、怀化市、平顶山市、郑州市、黄石市、永州市、岳阳市、常德市、赣州市、邵阳市、合肥市、忻州市、吕梁市、抚州市、荆门市、景德镇市、临汾市、湘潭市、亳州市、大同市、孝感市、上饶市、滁州市、开封市、淮北市、郴州市、信阳市、晋中市、九江市、黄冈市、新余市、新乡市、淮南市、吉安市、安庆市、芜湖市、衡阳市、益阳市、六安市、太原市、黄山市、鹰潭市、运城市、长治市、宿州市、随州市、安阳市、南昌市
西部 (81 个)	包头市、定西市、平凉市、防城港市、延安市、遵义市、昭通市、西宁市、攀枝花市、贵港市、眉山市、雅安市、普洱市、渭南市、玉溪市、宝鸡市、巴中市、拉萨市、呼和浩特市、银川市、西安市、中卫市、绵阳市、资阳市、商洛市、安康市、张掖市、铜川市、兰州市、临沧市、庆阳市、南充市、乐山市、昆明市、玉林市、曲靖市、百色市、崇左市、鄂尔多斯市、南宁市、重庆市、赤峰市、乌鲁木齐市、陇南市、广元市、通辽市、金昌市、钦州市、汉中市、自贡市、梧州市、固原市、来宾市、泸州市、北海市、内江市、宜宾市、咸阳市、保山市、乌兰察布市、酒泉市、六盘水市、石嘴山市、成都市、白银市、武威市、柳州市、安顺市、贺州市、贵阳市、丽江市、德阳市、天水市、榆林市、广安市、吴忠市、达州市、河池市、遂宁市、桂林市、巴彦淖尔市
东北 (35 个)	抚顺市、铁岭市、本溪市、鸡西市、大庆市、四平市、七台河市、辽阳市、锦州市、吉林市、鹤岗市、丹东市、通化市、伊春市、白山市、阜新市、双鸭山市、鞍山市、松原市、朝阳市、大连市、齐齐哈尔市、绥化市、黑河市、辽源市、葫芦岛市、沈阳市、佳木斯市、牡丹江市、白城市、营口市、哈尔滨市、盘锦市、长春市、呼伦贝尔市

附录 3 集中指数、集聚指数的计算方法说明

本附录采用表格示意的方法解释集中指数、集聚指数的具体计算步骤,包括 MWI、ACI、MADC、Gini 系数和 Delta 五个指数(附录表 3-1 至附录表 3-5)。为了方便理解,本附录中五个指数的计算均基于河南省新乡市市辖区的实例,其他城市市辖区参照计算。

附录表 3-1 集中指数 MWI 的计算方法

i	人口数/人	人口比重	E_i(人口累计比重)	与 CBD 距离/km	$E_{i-1} \times D_{CBD_i}$	$E_i \times D_{CBD_{i-1}}$	MWI
—	—	—	—	—	4 315.623	4 307.349	0.431 7
0	31 029	0.024 963	0.024 963	0.000 000	—	—	—
1	18 408	0.014 810	0.039 773	0.833 130	0.020 798	0.000 000	—
2	17 276	0.013 899	0.053 672	0.833 130	0.033 136	0.044 716	—
3	14 925	0.012 007	0.065 679	0.833 511	0.044 736	0.054 719	—
4	1 078	0.000 867	0.066 547	0.833 893	0.054 770	0.055 467	—
5	24 156	0.019 434	0.085 981	1.178 224	0.078 407	0.071 699	—
6	6 704	0.005 394	0.091 374	1.178 493	0.101 328	0.107 659	—
7	1 835	0.001 476	0.092 850	1.178 763	0.107 709	0.109 424	—
8	5 948	0.004 785	0.097 636	1.179 033	0.109 474	0.115 089	—
9	8 183	0.006 583	0.104 219	1.666 260	0.162 687	0.122 878	—
10	5 990	0.004 819	0.109 038	1.666 641	0.173 696	0.181 686	—
...	—	—	—	—	—	—	—
606	70	5.63E-05	0.999 563	17.579 490	17.570 820	17.512 470	—
607	70	5.63E-05	0.999 619	17.677 940	17.670 220	17.572 800	—
608	113	9.09E-05	0.999 710	17.892 500	17.885 690	17.672 820	—
609	48	3.86E-05	0.999 749	18.276 230	18.270 930	17.888 010	—
610	110	8.85E-05	0.999 837	18.333 440	18.328 830	18.273 260	—
611	132	0.000 106	0.999 944	18.409 030	18.406 040	18.332 400	—
612	70	5.63E-05	1.000 000	19.166 560	19.165 490	18.409 030	—

注:通过表格来解释空间集中、集聚指数的计算过程,这样的方法借鉴自张婷麟(2019)。

附录表 3-2 集中指数 ACI 计算方法

i	与CBD距离/km	面积/km²	面积比重	A_i(面积累计比重)	人口数/人	人口比重	E_i(人口累计比重)	$E_{i-1} \times A_i$	$E_i \times A_{i-1}$	ACI
—	—	—	—	—	—	—	—	260.850 546	260.398 297	0.452 2
0	0.000 0	1	0.001 631	0.001 631	31 029	0.024 963	0.024 96	—	—	—
1	0.833 1	1	0.001 631	0.003 263	18 408	0.014 810	0.039 77	8.144 6E-05	6.488 2E-05	—
2	0.833 1	1	0.001 631	0.004 894	17 276	0.013 890	0.053 67	0.000 194 64	0.000 175 11	—
3	0.833 5	1	0.001 631	0.006 525	14 925	0.012 000	0.065 67	0.000 350 22	0.000 321 43	—
4	0.833 8	1	0.001 631	0.008 157	1 078	0.000 860	0.066 54	0.000 535 72	0.000 434 23	—
5	1.178 2	1	0.001 631	0.009 788	24 156	0.019 430	0.085 98	0.000 651 35	0.000 701 31	—
6	1.178 4	1	0.001 631	0.011 419	6 704	0.005 390	0.091 37	0.000 981 83	0.000 894 36	—
7	1.178 7	1	0.001 631	0.013 051	1 835	0.001 470	0.092 85	0.001 192 48	0.004 060 28	—
8	1.179 0	1	0.001 631	0.014 682	5 948	0.004 780	0.097 63	0.001 363 22	0.001 274 20	—
9	1.666 2	1	0.001 631	0.016 313	8 183	0.006 580	0.104 21	0.001 592 75	0.001 530 13	—
10	1.666 6	1	0.001 631	0.017 945	16 923	0.013 610	0.117 83	0.001 870 16	0.001 922 25	—
⋮	—	—	—	—	—	—	—	—	—	—
606	17.579 0	1	0.001 631	0.990 212	70	5.63E-05	0.999 56	0.989 723 73	0.988 148 89	—

i	与 CBD 距离/ km	面积/km²	面积 比重	A_i (面积 累计比重)	人口数/人	人口 比重	E_i (人口累 计比重)	$E_{i-1} \times A_i$	$E_i \times A_{i-1}$	ACI
607	17.677 0	1	0.001 631	0.991 843	70	5.63E−05	0.999 61	0.991 410 11	0.989 835 26	—
608	17.892 0	1	0.001 631	0.993 475	113	9.09E−05	0.999 71	0.993 096 66	0.991 556 13	—
609	18.276 0	1	0.001 631	0.995 106	48	3.86E−05	0.999 74	0.994 817 83	0.993 225 35	—
610	18.333 0	1	0.001 631	0.996 737	110	8.85E−05	0.999 83	0.996 487 17	0.994 944 32	—
611	18.409 0	1	0.001 631	0.998 369	132	0.000 106	0.999 94	0.998 206 44	0.996 681 23	—
612	19.166 0	1	0.001 631	1.000 000	70	5.63E−05	1.000 00	0.999 943 69	0.998 368 68	—

附录表 3-3　集中指数 MADC 的计算方法

i	与 CBD 距离/km	人口数/人	人口比重	$\dfrac{e_i}{E} \times D_{\text{CBD}_i}$	MADC
—	—	—	—	5. 468 645 222	0. 285 322
0	0. 000 000	31 029	0. 024 963 000	0. 000 000 000	—
1	0. 833 130	18 408	0. 014 810	0. 012 338 326	—
2	0. 833 130	17 276	0. 013 899	0. 011 579 580	—
3	0. 833 511	14 925	0. 012 007	0. 010 008 357	—
4	0. 833 893	1 078	0. 000 867	0. 000 723 212	—
5	1. 178 224	24 156	0. 019 434	0. 022 897 584	—
6	1. 178 493	6 704	0. 005 394	0. 006 356 207	—
7	1. 178 763	1 835	0. 001 476	0. 001 740 201	—
8	1. 179 033	5 948	0. 004 785	0. 005 642 009	—
9	1. 666 260	8 183	0. 006 583	0. 010 969 634	—
10	1. 666 641	5 990	0. 004 819	0. 008 031 670	—
…	—	—	—	—	—
606	17. 579 490	70	5. 63E – 05	0. 000 990 014	—
607	17. 677 940	70	5. 63E – 05	0. 000 995 558	—
608	17. 892 500	113	9. 09E – 05	0. 001 626 621	—
609	18. 276 230	48	3. 86E – 05	0. 000 705 772	—
610	18. 333 440	110	8. 85E – 05	0. 001 622 458	—
611	18. 409 030	132	0. 000 106	0. 001 954 978	—
612	19. 166 560	70	5. 63E – 05	0. 001 079 392	—

附录表 3-4　集聚指数 Gini 系数的计算方法

i	人口密度/（人·km^{-2}）	人口数/人	人口比重	E_i（人口累计比重）	面积/km^2	面积比重	A_i（面积累计比重）	$E_i \times A_{i-1}$	$E_{i-1} \times A_i$	Gini 系数
—	—	—	—	—	—	—	—	63.564 261 440	62.810 034 400	0.754 2
0	25	25	2.01E－05	2.011 30E－05	1	0.001 631	0.001 631	6.824 64E－08	6.562 15E－08	—
1	27	27	2.17E－05	4.183 50E－05	1	0.001 631	0.003 263	0.073 64E－07	2.047 39E－07	—
2	27	27	2.17E－05	6.355 71E－05	1	0.001 631	0.004 894	0.073 64E－07	2.047 39E－07	—
3	28	28	2.25E－05	8.608 36E－05	1	0.001 631	0.006 525	4.212 90E－07	4.147 28E－07	—
4	28	28	2.25E－05	0.000 108 610	1	0.001 631	0.008 157	7.087 13E－07	7.021 50E－07	—
5	28	28	2.25E－05	0.000 131 137	1	0.001 631	0.009 788	1.069 63E－06	1.063 07E－06	—
6	34	34	2.74E－05	0.000 158 490	1	0.001 631	0.011 419	1.551 29E－06	1.497 48E－06	—
7	40	40	3.22E－05	0.000 190 671	1	0.001 631	0.013 051	2.177 32E－06	2.068 39E－06	—
8	43	43	3.46E－05	0.000 225 266	1	0.001 631	0.014 682	2.939 85E－06	2.799 41E－06	—
9	48	48	3.86E－05	0.000 263 883	1	0.001 631	0.016 313	3.874 30E－06	3.674 80E－06	—
10	48	48	3.86E－05	0.000 302 500	1	0.001 631	0.017 945	4.934 74E－06	4.735 25E－06	—
⋮										

i	人口密度/(人·km^{-2})	人口数/人	人口比重	E_i（人口累计比重）	面积/km^2	面积比重	A_i（面积累计比重）	$E_i \times A_{i-1}$	$E_{i-1} \times A_i$	Gini 系数
606	21 790	21 790	0.017 530	0.876 322 732	1	0.001 631	0.990 212	0.866 315 792	0.850 386 450	—
607	24 090	24 090	0.019 381	0.895 703 622	1	0.001 631	0.991 843	0.886 936 547	0.869 174 920	—
608	24 148	24 148	0.194 280	0.915 131 173	1	0.001 631	0.993 475	0.907 666 816	0.889 858 908	—
609	24 148	24 148	0.019 428	0.934 558 724	1	0.001 631	0.995 106	0.925 460 470	0.910 652 562	—
610	24 156	24 156	0.019 434	0.953 992 712	1	0.001 631	0.996 737	0.949 323 915	0.931 509 601	—
611	26 157	26 157	0.021 044	0.975 036 545	1	0.001 631	0.998 369	0.971 855 358	0.952 436 452	—
612	31 029	31 029	0.024 963	1.000 000 000	1	0.001 631	1.000 000	0.998 368 688	0.975 036 554	—

i	人口数/ 人	人口比重	面积/ km²	面积比重	$\left\|\dfrac{e_i}{E}-\dfrac{a_i}{A}\right\|$	Delta
—	—	—	—	—	1.246 682	0.623 341
0	25	2.01E-05	1	0.001 631	0.001 611	—
1	27	2.17E-05	1	0.001 631	0.001 610	—
2	27	2.17E-05	1	0.001 631	0.001 610	—
3	28	2.25E-05	1	0.001 631	0.001 609	—
4	28	2.25E-05	1	0.001 631	0.001 609	—
5	28	2.25E-05	1	0.001 631	0.001 609	—
6	34	2.74E-05	1	0.001 631	0.001 604	—
7	40	3.22E-05	1	0.001 631	0.001 599	—
8	43	3.46E-05	1	0.001 631	0.001 597	—
9	48	3.86E-05	1	0.001 631	0.001 593	—
10	48	3.86E-05	1	0.001 631	0.001 593	—
…	—	—	—	—	—	—
606	21 790	0.017 530	1	0.001 631	0.015 899	—
607	24 090	0.019 381	1	0.001 631	0.017 750	—
608	24 148	0.019 428	1	0.001 631	0.017 796	—
609	24 148	0.019 428	1	0.001 631	0.017 796	—
610	24 156	0.019 434	1	0.001 631	0.017 803	—
611	26 157	0.021 044	1	0.001 631	0.019 413	—
612	31 029	0.024 963	1	0.001 631	0.023 332	—

附录 4　空间结构对水污染的影响

在城市生态体系中,除了空气污染、绿色空间建设和城市热岛效应外,水污染也是影响城市生态可持续发展的重要因素。如本书第 1 章中所展示的,在 2018 年中国 11 个城市生态环境状况报告词频统计(前表 1-2)中,关键词"水质"出现 96 次,排名第 5 位;在英文文献可视化分析工具 CiteSpace 分析中(前图 1-6),研究主题"water"(水)也是处于非常凸显的地位。因此,城市水污染问题是除空气污染、绿色空间建设和城市热岛效应外,最重要的城市生态环境问题。

城市在发展过程中,高密度对环境的影响是混合的。一方面,从宏观上看,人口的集聚会使城市污染物排放产生规模效应,从而减少单位 GDP 的污染物排放强度和个人的污染物排放量(陆铭等,2014);从微观上看,城市新进居民会受到原住民的同群效应影响,提高个体的环境知识水平和自身的环保行为,而且,这种同群效应在人口稠密的大城市更加明显(郑怡林等,2018)。因此,人口规模大或密度高的城市环境品质更高,之所以存在"大城市水污染严重的"印象,只是因为大城市更受到关注而已。另一方面,即使规模效应和同群效应能够降低个体污染物排放量或单位 GDP 排放量,人口稠密的大城市或人口分布集中程度高的城市,若大量的、较低排放量的个体集中在一起,依然会形成严重的污染(Han et al., 2019)。

单中心结构与多中心结构的显著区别之一就在于密度。在单中心结构的城市或区域中,大规模的人口集中在有限的建成区范围内,可能会因为集聚经济降低水污染排放量,但是也可能将水污染集中了起来,从而形成更严重的污染;在多中心结构的城市或区域中,在去中心化的作用下,人口被相对均匀地分布在多个中心内,适度的人口密度在保持集聚经济的同时,并不存在过度集聚导致的污染的集中,但是有可能因为分散而降低了环境规制水平,从而导致企业污水排放量增加。

为了验证单中心还是多中心结构能够降低城市/区域的水污染程度,本附录从相应年份的中国城市统计年鉴中收集到 2003—2016 年市域的人均工业废水排放量、2002—2016 年市域生活污水处理率,探究在市域空间尺度上空间结构对城市水污染的影响。

从附录表 4-1 中可以看出,在市域尺度中,primacy 指数显著为负,说明无论是对于工业废水排放量,还是生活污水排放量,单中心结构都具有更优的绩效。这与陆铭等(2014)的研究结论相似,他们发现非农人口的 Gini 系数每增加一个标准差,工业废水排放量达标率增加约 2.27%。人口的集聚,可以通过集聚经济提升工业企业的环保水平,进而降低工业废水的排放量,还可以通过规模效应和同群效应,进而提高个体的环境知识水平和自身的环保行为,降低生活污水排放量。

关于工业废水和生活污水排放量的指标较难获得,因此市辖区尺度不在本次研究之列。另外,单位第二产业增加值所排放的工业废水量、生活污水处理率都与技术水平和环境规制水平关系密切。人口集中所带来的集聚效应和溢出效应可以促进企业间的共享、匹配和学习,从而提高环保技术水平(Duranton et al.,2004);同时,集中紧凑的城市形态也有利于环境规制的实施,因为在紧凑的城市中,由于便捷的交通、监控手段和监控设备建设更容易,政府和公众监督距离邻近的污染源所花费的成本也就更少。

附录表 4-1 市域水污染的回归结果

市域尺度			
因变量:ln(单位第二产业增加值所排放的工业废水量)		因变量:ln(生活污水处理率)	
primacy 指数	−4.829 0*** (1.165 0)	primacy 指数	−7.879 0*** (2.930 0)
ln(人口规模)	−0.611 0 (0.529 0)	ln(人口规模)	−0.345 0 (1.175 0)
ln(人口密度)	0.449 0** (0.185 0)	ln(人口密度)	1.304 0 (0.913 0)
ln(工业企业数量)	−0.520 0*** (0.061 2)	ln(人均 GDP)	0.968 0*** (0.165 0)
ln(固定资产投资占 GDP 的比重)	−0.541 0*** (0.084 3)	ln(固定资产投资占 GDP 的比重)	0.675 0*** (0.167 0)
ln(财政预算支出占 GDP 的比重)	−0.794 0*** (0.105 0)	ln(财政预算支出占 GDP 的比重)	0.086 5 (0.180 0)
ln(区县个数)	0.984 0*** (0.278 0)	ln(区县个数)	0.991 0* (0.539 0)
常数项	−3.498 0 (7.681 0)	常数项	2.443 0 (14.050 0)
样本量/个	3 800	样本量/个	4 070
拟合优度	0.547 0	拟合优度	0.223 0
Hausman 检验	134.29***	Hausman 检验	60.15***

注:括号中为稳健标准误。***、**和*分别代表在1%、5%和10%的显著性水平下通过显著性检验。

附录 5　空间结构对平均温度的影响

从附录表5-1可以看出,在市辖区尺度上,无论是对于全年平均温度,还是夏季、冬季平均温度,代表空间结构的集中度 MWI 和集聚度 Gini 系数都不显著,说明没有发现空间结构影响(提高)市辖区平均温度的证据。

附录表 5-1　市辖区尺度空间结构对平均温度的影响

类别	全年平均温度	夏季平均温度	冬季平均温度
集中度 MWI	0.047 200 (0.031 700)	0.002 310 (0.007 440)	−0.320 000 (0.213 000)
集聚度 Gini 系数	0.011 100 (0.137 000)	−0.078 400*** (0.027 100)	0.391 000 (0.885 000)
ln(不透水面占比)	0.006 020 (0.005 820)	0.002 330 (0.001 650)	−0.112 000 (0.084 000)
ln(绿色空间占比)	−0.001 570 (0.001 250)	−0.001 180 (0.000 719)	−0.012 800 (0.013 400)
ln(全年用电量)	0.005 800 (0.005 970)	0.005 040*** (0.001 230)	0.026 700 (0.034 400)
ln(每万人拥有 公共汽车数量)	−0.002 320 (0.008 530)	−0.003 900 (0.004 680)	0.241 000 (0.158 000)
ln(出租汽车数)	0.005 870 (0.005 030)	−0.000 670 (0.001 660)	−0.251 000 (0.167 000)
ln(人口密度)	−0.013 100 (0.010 200)	−0.003 370 (0.002 260)	0.103 000 (0.112 000)
ln[年均降水量 (600 km 范围内)]	−0.272 000*** (0.037 900)	—	—
ln[年均风速 (600 km 范围内)]	0.416 000*** (0.148 000)	—	—
ln[夏季平均降水量 (600 km 范围内)]	—	−0.053 700*** (0.003 780)	—
ln[夏季平均风速 (600 km 范围内)]	—	0.053 900*** (0.011 300)	—
ln[冬季平均降水量 (600 km 范围内)]	—	—	0.043 900* (0.026 200)
ln[冬季平均风速 (600 km 范围内)]	—	—	−0.092 400 (0.317 000)

类别	全年平均温度	夏季平均温度	冬季平均温度
常数项	4.099 000*** (0.237 000)	3.544 000*** (0.028 000)	−0.185 000 (1.416 000)
样本量/个	3 962	3 962	3 962
拟合优度	0.070	0.065	0.019

注:括号中为稳健标准误。***、*分别代表在1%、10%的显著性水平下通过显著性检验。

在市域尺度上,当因变量为全年平均温度时,primacy 指数显著为正,说明单中心结构会提高平均温度(附录表 5-2)。但是把全年平均温度分别替换为夏季、冬季平均温度后,primacy 指数变得不再显著,说明单中心的结论并不稳健。从以上可以得出结论,并没有发现空间结构稳健地影响市域内平均温度的证据。

附录表 5-2　市域尺度空间结构对平均温度的影响

类别	全年平均温度	夏季平均温度	冬季平均温度
primacy 指数	0.276 000*** (0.091 200)	0.047 400 (0.032 500)	0.888 000 (0.894 000)
ln(不透水面占比)	0.031 400* (0.016 200)	0.009 480*** (0.003 160)	0.050 500 (0.043 600)
ln(绿色空间占比)	−0.065 600*** (0.013 200)	−0.003 840 (0.004 490)	−0.188 000*** (0.058 400)
ln(全年用电量)	0.003 530 (0.006 480)	0.003 500*** (0.001 270)	−0.018 000 (0.015 800)
ln(民用机动车数量)	−0.002 340 (0.006 640)	0.001 420* (0.000 830)	−0.022 100* (0.012 200)
ln(人口密度)	−0.002 160 (0.018 600)	0.000 273 (0.006 500)	0.063 700 (0.066 400)
ln[年均降水量 (900 km 范围内)]	−0.359 000*** (0.053 400)	—	—
ln[年均风速 (900 km 范围内)]	0.629 000*** (0.178 000)	—	—
ln[夏季平均降水量 (900 km 范围内)]	—	−0.054 900*** (0.004 600)	—
ln[夏季平均风速 (900 km 范围内)]	—	0.105 000*** (0.014 300)	—

类别	全年平均温度	夏季平均温度	冬季平均温度
ln[冬季平均降水量 （900 km 范围内）]	—	—	0.045 200** （0.020 500）
ln[冬季平均风速 （900 km 范围内）]	—	—	−0.057 200 （0.211 000）
常数项	4.446 000*** （0.371 000）	3.443 000*** （0.051 800）	0.057 400 （0.467 000）
样本量/个	3 808	3 808	3 808
拟合优度	0.081	0.093	0.004

注：括号中为稳健标准误。***、**和*分别代表在 1%、5%和 10%的显著性水平下通过显著性检验。

参考文献

·中文文献·

柴彦威,端木一博,2016. 时间地理学视角下城市规划的时间问题[J]. 城市建筑(16):21-24.

柴彦威,谭一洺,申悦,等,2017. 空间—行为互动理论构建的基本思路[J]. 地理研究,36(10):1959-1970.

车生泉,王洪轮,2001. 城市绿地研究综述[J]. 上海交通大学学报(农业科学版),19(3):229-234.

陈军,陈利军,李然,等,2015. 基于 GlobeLand 30 的全球城乡建设用地空间分布与变化统计分析[J]. 测绘学报,44(11):1181-1188.

陈秋红,2015. 环境因素对人口迁移的作用机制分析[J]. 中国农村观察(3):87-95.

陈淑云,杨建坤,2017. 人口集聚能促进区域技术创新吗:对 2005—2014 年省级面板数据的实证研究[J]. 科技进步与对策,34(5):45-51.

陈玉,孙斌栋,2017. 京津冀存在"集聚阴影"吗:大城市的区域经济影响[J]. 地理研究,36(10):1936-1946.

程开明,2011. 城市紧凑度影响能源消耗的理论机制及实证分析[J]. 经济地理,31(7):1107-1112.

冯健,周一星,2003. 中国城市内部空间结构研究进展与展望[J]. 地理科学进展,22(3):304-315.

冯奎,郑明媚,2015. 中国新城新区发展报告[M]. 北京:中国发展出版社.

郭荣朝,顾朝林,曾尊固,等,2004. 生态城市空间结构优化组合模式及应用:以襄樊市为例[J]. 地理研究,23(3):292-300.

何显明,2004. 市管县体制绩效及其变革路径选择的制度分析:兼论"复合行政"概念[J]. 中国行政管理(7):70-74.

贺灿飞,张腾,杨晟朗,2013. 环境规制效果与中国城市空气污染[J]. 自然资源学报,28(10):1651-1663.

贺灿飞,周沂,2016. 环境经济地理研究[M]. 北京:科学出版社.

洪大用,范叶超,李佩繁,2016. 地位差异、适应性与绩效期待:空气污染诱致的居民迁出意向分异研究[J]. 社会学研究,31(3):1-24,242.

胡杰,黄经南,黄瑾,等,2014. 多中心城市空间结构与家庭碳排放关系研究[J]. 规划师,30(11):87-92.

胡振通,柳荻,靳乐山,2016. 草原生态补偿:生态绩效、收入影响和政策满意度[J]. 中国人口·资源与环境,26(1):165-176.

黄志基,贺灿飞,杨帆,等 2015. 中国环境规制、地理区位与企业生产率增长[J]. 地理学报,70(10):1581-1591.

姜允芳,石铁矛,赵淑红,2015. 英国区域绿色空间控制管理的发展与启示[J].

城市规划,39(6):79-89.

金秀显,2008. 城市功能疏解:首尔都市圈案例[C]. 北京:第二届"大城市智库联盟"大会论坛.

李广东,方创琳,2016. 城市生态—生产—生活空间功能定量识别与分析[J]. 地理学报,71(1):49-65.

李江苏,梁燕,王晓蕊,2018. 基于 POI 数据的郑东新区服务业空间聚类研究[J]. 地理研究,37(1):145-157.

李平,沈得芳,2012. 中国经济增长对大气污染的影响:基于地区差异及门限回归的实证分析[J]. 产业经济评论(山东)(3):120-148.

李顺成,李熙妍(LEE Hee-Yeon),2017. 紧凑式城市空间结构要素对区域经济发展的影响力研究:基于中国大城市面板数据的实证分析[J]. 中国人口·资源与环境,27(12):165-173.

李琬,2018. 中国市域空间结构的绩效分析:单中心和多中心的视角[D]. 上海:华东师范大学.

李琬,孙斌栋,2014. 西方经济地理学的知识结构与研究热点:基于 CiteSpace 的图谱量化研究[J]. 经济地理,34(4):7-12,45.

李伟,贺灿飞,2017. 劳动力成本上升与中国制造业空间转移[J]. 地理科学,37(9):1289-1299.

李雪,2019. 长三角地区上市企业总部空间格局演变及驱动因素研究[D]. 上海:华东师范大学.

李玉红,2018. 中国工业污染的空间分布与治理研究[J]. 经济学家(9):59-65.

梁萍,丁一汇,何金海,等,2011. 上海地区城市化速度与降水空间分布变化的关系研究[J]. 热带气象学报,27(4):475-483.

刘修岩,王利敏,朱淑文,2016. 城市蔓延提高了家庭的居住碳排放水平吗:来自中国南方城市面板数据的证据[J]. 东南大学学报(哲学社会科学版),18(5):101-108,148.

刘学锋,于长文,任国玉,2005. 河北省城市热岛强度变化对区域地表平均气温序列的影响[J]. 气候与环境研究,10(4):763-770.

刘焱序,彭建,王仰麟,2017. 城市热岛效应与景观格局的关联:从城市规模、景观组分到空间构型[J]. 生态学报,37(23):7769-7780.

刘勇,2009. 区域空间结构演化的动力机制及影响路径探讨[J]. 河南师范大学学报(哲学社会科学版),36(6):60-64.

刘珍环,王仰麟,彭建,等,2011. 基于不透水表面指数的城市地表覆被格局特征:以深圳市为例[J]. 地理学报,66(7):961-971.

柳杨,范子武,谢忱,等,2018. 城镇化背景下我国城市洪涝灾害演变特征[J]. 水利水运工程学报(2):10-18.

陆大道,1995. 区域发展及其空间结构[M]. 北京:科学出版社.

陆铭,2019a. 城市人口疏散可能适得其反[J]. 上海城市管理,28(6):2-3.

陆铭,2019b. 大城市郊区:都市圈建设的焦点[J]. 中国投资(中英文)(19):87-89.

陆铭,冯皓,2014.集聚与减排:城市规模差距影响工业污染强度的经验研究[J].世界经济,37(7):86-114.

陆玉麒,2002.区域双核结构模式的形成机理[J].地理学报,57(1):85-95.

马静,刘志林,柴彦威,2013.城市形态与交通碳排放:基于微观个体行为的视角[J].国际城市规划,28(2):19-24.

马丽梅,刘生龙,张晓,2016.能源结构、交通模式与雾霾污染:基于空间计量模型的研究[J].财贸经济,37(1):147-160.

马强,徐循初,2004."精明增长"策略与我国的城市空间扩展[J].城市规划汇刊(3):16-22,95.

宁越敏,2012.中国城市化特点、问题及治理[J].南京社会科学(10):19-27.

宁越敏,2017.小城镇是乡村与城市之间的桥梁[J].小城镇建设(11):107.

宁越敏,刘昭吟,2015.历史与地理视角的城市病解析[J].小城镇建设(9):13-15.

彭保发,石忆邵,王贺封,等,2013.城市热岛效应的影响机理及其作用规律:以上海市为例[J].地理学报,68(11):1461-1471.

秦蒙,刘修岩,仝怡婷,2016.蔓延的城市空间是否加重了雾霾污染:来自中国PM$_{2.5}$数据的经验分析[J].财贸经济(11):146-160.

全伟,2002.市管县(市)体制分析研究[J].理论与改革(6):41-43.

邵帅,李欣,曹建华,等,2016.中国雾霾污染治理的经济政策选择:基于空间溢出效应的视角[J].经济研究,51(9):73-88.

邵帅,张可,豆建民,2019.经济集聚的节能减排效应:理论与中国经验[J].管理世界,35(1):36-60,226.

沈建法,王桂新,2000.90年代上海中心城人口分布及其变动趋势的模型研究[J].中国人口科学(5):45-52.

沈清基,2004.城市空间结构生态化基本原理研究[J].中国人口·资源与环境,14(6):6-11.

施开放,2017.多尺度视角下的中国碳排放时空格局动态及影响因素研究:基于DMSP-OLS夜间灯光遥感数据的分析[D].上海:华东师范大学.

史培军,潘耀忠,陈晋,等,1999.深圳市土地利用/覆盖变化与生态环境安全分析[J].自然资源学报,14(4):293-299.

孙斌栋,何舟,李南菲,等,2017.职住均衡能够缓解交通拥堵吗:基于GIS缓冲区方法的上海实证研究[J].城市规划学刊(5):98-104.

孙斌栋,李琬,2016.城市规模分布的经济绩效:基于中国市域数据的实证研究[J].地理科学,36(3):328-334.

孙斌栋,潘鑫,2008.城市空间结构对交通出行影响研究的进展:单中心与多中心的论争[J].城市问题(1):19-22,28.

孙斌栋,涂婷,石巍,等,2013.特大城市多中心空间结构的交通绩效检验:上海案例研究[J].城市规划学刊(2):63-69.

孙斌栋,魏旭红,2014.上海都市区就业—人口空间结构演化特征[J].地理学报,69(6):747-758.

孙家驹,2003.城市环境灾害演变[J].江西行政学院学报,5(4):46-49.

孙铁山,2016.中国三大城市群集聚空间结构演化与地区经济增长[J].经济地理,36(5):63-70.

孙铁山,刘玉晨,2020.中国城市增长的类型及影响因素:基于人口和经济增长同步性的讨论[J].现代城市研究,35(3):92-97.

藤田昌久,克鲁格曼,维纳布尔斯,2005.空间经济学:城市、区域与国际贸易[M].梁琦,主译.北京:中国人民大学出版社.

汪明峰,程红,宁越敏,2015.上海城中村外来人口的社会融合及其影响因素[J].地理学报,70(8):1243-1255.

王丹,王士君,2007.美国"新城市主义"与"精明增长"发展观解读[J].国际城市规划,22(2):61-66.

王甫园,王开泳,陈田,等,2017.城市生态空间研究进展与展望[J].地理科学进展,36(2):207-218.

王开泳,肖玲,2005.城市空间结构演变的动力机制分析[J].华南师范大学学报(自然科学版),37(1):116-122.

王列辉,张圣,2018.长江沿岸港口城市网络结构:基于航运服务业视角[J].城市规划学刊(2):19-28.

温忠麟,叶宝娟,2014.中介效应分析:方法和模型发展[J].心理科学进展,22(5):731-745.

温忠麟,张雷,侯杰泰,等,2004.中介效应检验程序及其应用[J].心理学报,36(5):614-620.

邬尚霖,孙一民,2015.城市设计要素对热岛效应的影响分析:广州地区案例研究[J].建筑学报(10):79-82.

吴志峰,象伟宁,2016.从城市生态系统整体性、复杂性和多样性的视角透视城市内涝[J].生态学报,36(16):4955-4957.

肖挺,2016.环境质量是劳动人口流动的主导因素吗:"逃离北上广"现象的一种解读[J].经济评论(2):3-17.

肖作鹏,柴彦威,刘志林,2011.北京市居民家庭日常出行碳排放的量化分布与影响因素[J].城市发展研究(9):104-112.

谢守红,宁越敏,2006.广州市人口密度分布及演化模型研究[J].数理统计与管理,25(5):518-522.

许学强,周一星,宁越敏,2009.城市地理学[M].2版.北京:高等教育出版社.

颜文涛,萧敬豪,胡海,等,2012.城市空间结构的环境绩效:进展与思考[J].城市规划学刊(5):50-59.

杨凡,杜德斌,林晓,2016.中国省域创新产出的空间格局与空间溢出效应研究[J].软科学,30(10):6-10,30.

杨文越,梁斐雯,曹小曙,2020.多尺度建成环境对居民通勤出行碳排放的影响:来自广州的实证研究[J].地理研究,39(7):1625-1639.

杨小鹏,2008.首尔的绿带政策与新城政策:二元规划体系下的矛盾[J].规划师,24(2):85-88.

杨振山,张慧,丁悦,等,2015.城市绿色空间研究内容与展望[J].地理科学进展,34(1):18-29.

叶昌东,周春山,2014.近 20 年中国特大城市空间结构演变[J].城市发展研究,21(3):28-34.

尹海伟,孔繁花,宗跃光,2008.城市绿地可达性与公平性评价[J].生态学报,28(7):3375-3383.

游细斌,魏清泉,李开宇,等,2005.行政区划视角下广东省地级市的发展问题[J].规划师,21(11):72-74.

俞孔坚,李迪华,吉庆萍,2001.景观与城市的生态设计:概念与原理[J].中国园林,17(6):3-10.

袁媛,韩焱,张志君,等,2015.居住区绿地率分区研究:以广州市番禺区为例[J].城市规划,39(5):97-104.

袁韵,徐戈,陈晓红,等,2020.城市交通拥堵与空气污染的交互影响机制研究:基于滴滴出行的大数据分析[J].管理科学学报,23(2):54-73.

曾刚,石庆玲,王丰龙,2020.长江经济带城市生态保护能力格局与提升策略初探[J].华中师范大学学报(自然科学版),54(4):503-510.

曾侠,钱光明,潘蔚娟,2004.珠江三角洲都市群城市热岛效应初步研究[J].气象,30(10):12-16.

查良松,王莹莹,2009.一种城市热岛强度的计算方法:以合肥市为例[J].科技导报,27(20):76-79.

张春桦,邹贤菊,宋晓猛,2020.基于城镇化水平分析 2003—2017 年我国洪涝灾害演变特征[J].江苏水利(3):14-17.

张婷麟,2015.政府碎化和城市经济绩效:基于中国地级及以上城市的实证研究[D].上海:华东师范大学.

张婷麟,2019.多中心城市空间结构的经济绩效研究:基于规模的条件效应[D].上海:华东师范大学.

张文佳,柴彦威,2009.居住空间对家庭购物出行决策的影响[J].地理科学进展(3):362-369.

张衔春,龙迪,边防,2015.兰斯塔德"绿心"保护:区域协调建构与空间规划创新[J].国际城市规划,30(5):57-65.

张志强,2016.集聚经济与集聚成本:中国城市的工资与通勤时间[D].上海:华东师范大学.

赵红军,2005.交易效率、城市化与经济发展:一个城市化经济学分析框架及其在中国的应用[D].上海:复旦大学.

郑怡林,陆铭,2018.大城市更不环保吗:基于规模效应与同群效应的分析[J].复旦学报(社会科学版),60(1):133-144.

周春山,叶昌东,2013.中国城市空间结构研究评述[J].地理科学进展,32(7):1030-1038.

周江评,陈晓键,黄伟,等,2013.中国中西部大城市的职住平衡与通勤效率:以西安为例[J]. 地理学报,68(10):1316-1330.

周黎安,2007. 中国地方官员的晋升锦标赛模式研究[J]. 经济研究,42(7):
36-50.

周一星,史育龙,1995. 建立中国城市的实体地域概念[J]. 地理学报,50(4):
289-301.

朱向东,贺灿飞,李茜,等,2018a. 地方政府竞争、环境规制与中国城市空气污
染[J]. 中国人口·资源与环境,28(6):103-110.

朱向东,贺灿飞,刘海猛,等,2018b. 环境规制与中国城市工业 SO_2 减排[J]. 地
域研究与开发,37(4):131-137.

· 英文文献 ·

ADACHI S A, KIMURA F, KUSAKA H, et al, 2014. Moderation of
summertime heat island phenomena via modification of the urban form in
the Tokyo metropolitan area[J]. Journal of applied meteorology and
climatology,53(8):1886-1900.

AHLFELDT G M, PIETROSTEFANI E, 2019. The economic effects of
density:a synthesis[J]. Journal of urban economics,111:93-107.

AKBARI H, 2005. Energy saving potentials and air quality benefits of urban
heat island mitigation[R]. Berkeley:Ernest Orlando Lawrence Berkeley
National Laboratory.

ALBERTI M, 2008. Advances in urban ecology:integrating humans and
ecological processes in urban ecosystems[M]. New York:Springer.

ALONSO W, 1964. Location and land use:toward a general theory of land rent
[M]. Cambridge:Harvard University Press.

ANAS A, ARNOTT R, SMALL K A, 1998. Urban spatial structure[J].
Journal of economic literature,36(3):1426-1464.

ANDERSON N B, BOGART W T, 2001. The structure of sprawl:identifying
and characterizing employment centers in polycentric metropolitan areas
[J]. American journal of economics and sociology,60(1):147-169.

ANDERSON W P, KANAROGLOU P S, MILLER E J, 1996. Urban form,
energy and the environment:a review of issues,evidence and policy[J].
Urban studies,33(1):7-35.

ANDRES FIGLIOZZI M, 2011. The impacts of congestion on time-definitive
urban freight distribution networks CO_2 emission levels:results from a
case study in Portland, Oregon[J]. Transportation research part C:
emerging technologies,19(5):766-778.

ANGRIST J D, PISCHKE J-S, 2008. Mostly harmless econometrics:an
empiricist's companion[M]. Princeton:Princeton University Press.

ARNBERGER A, EDER R, 2012. The influence of green space on community
attachment of urban and suburban residents[J]. Urban forestry & urban

greening,11(1):41-49.

ASHIE Y,THANH CA V,ASAEDA T,1999. Building canopy model for the analysis of urban climate[J]. Journal of wind engineering and industrial aerodynamics,81(1-3):237-248.

AUERBACH F, 1913. Das Gesetz der bevölkerungskonzentration [J]. Petermanns geographische mitteilungen,59:74-76.

BALLING JR R C, CERVENY R S, 1987. Long-term associations between wind speeds and the urban heat island of Phoenix,Arizona[J]. Journal of climate and applied meteorology,26(6):712-716.

BARON R M, KENNY D A, 1986. The moderator-mediator variable distinction in social psychological research: conceptual, strategic, and statistical considerations[J]. Journal of personality and social psychology, 51(6):1173-1182.

BÄRRING L, MATTSSON J O, LINDQVIST S, 1985. Canyon geometry, street temperatures and urban heat island in Malmö,Sweden[J]. Journal of climatology,5(4):433-444.

BECHLE M J,MILLET D B,MARSHALL J D,2011. Effects of income and urban form on urban NO_2: global evidence from satellites [J]. Environmental science & technology,45(11):4914-4919.

BECKER G S,1965. A theory of the allocation of time[J]. The economic journal,75(299):493-517.

BLUME L,DURLAUF S N,2008. The new palgrave dictionary of economics [M]. London:Palgrave Macmillan.

BOTTYÁN Z,KIRCSI A,SZEGEDI S,et al,2005. The relationship between built-up areas and the spatial development of the mean maximum urban heat island in Debrecen,Hungary[J]. International journal of climatology: a journal of the royal meteorological society,25(3):405-418.

BREHENY M J,1978. The measurement of spatial opportunity in strategic planning[J]. Regional studies,12(4):463-479.

BREZZI M, VENERI P, 2015. Assessing polycentric urban systems in the OECD: country, regional and metropolitan perspectives [J]. European planning studies,23(6):1128-1145.

BROWNSTONE D,GOLOB T F,2009. The impact of residential density on vehicle usage and energy consumption[J]. Journal of urban economics,65 (1):91-98.

BURGALASSI D, LUZZATI T. 2015. Urban spatial structure and environmental emissions: a survey of the literature and some empirical evidence for Italian NUTS 3 regions[J]. Cities,49:134-148.

BURGER M, MEIJERS E, 2012. Form follows function? Linking morphological and functional polycentricity [J]. Urban studies, 49:

1127-1149.

BYOMKESH T, NAKAGOSHI N, DEWAN A M, 2012. Urbanization and green space dynamics in Greater Dhaka, Bangladesh[J]. Landscape and ecological engineering,8(1):45-58.

BYRNE J, SIPE N, 2010. Green and open space planning for urban consolidation:a review of the literature and best practice(issues paper No. 11) [Z]. Brisbane:Griffith University.

Center for Disease Control and Prevention,2006. Extreme heat:a prevention guide to promote your personal health and safety[R]. Atlanta:CDC.

Center for International Earth Science,2016. Global urban heat island (UHI) data set [R]. Palisades:NASA Socioeconomic Data and Applications Center.

CERVERO R, DUNCAN M, 2006. Which reduces vehicle travel more:jobs-housing balance or retail-housing mixing[J]. Journal of the American planning association,72(4):475-490.

CERVERO R, LANDIS J, 1991. Suburbanization of jobs and the journey to work:a submarket analysis of commuting in the San Francisco bag area [Z]. Berkeley:University of California Transportation Center Working Papers.

CHANG T,GRAFF ZIVIN J,GROSS T,et al,2016. Particulate pollution and the productivity of pear packers[J]. American economic journal:economic policy,8(3):141-169.

CHEN C M,2006. CiteSpace II:detecting and visualizing emerging trends and transient patterns in scientific literature[J]. Journal of the American society for information science and technology,57(3):359-377.

CHEN C M,2017. Science mapping:a systematic review of the literature[J]. Journal of data and information science,2(2):1-40.

CHEN S Y,CHEN D K,2018. Air pollution,government regulations and high-quality economic development[J]. Economic research journal, 53 (2): 20-34.

CHEN X L,ZHAO H M,LI P X,et al,2006. Remote sensing image-based analysis of the relationship between urban heat island and land use/cover changes[J]. Remote sensing of environment,104(2):133-146.

CHEN Y Y,EBENSTEIN A,GREENSTONE M,et al,2013. Evidence on the impact of sustained exposure to air pollution on life expectancy from China's Huai River policy[J]. Proceedings of the national academy of sciences of the United States of America,110(32):12936-12941.

CHEN Y Y,JIN G Z,KUMAR N,et al,2012. Gaming in air pollution data? Lessons from China[J]. The B. E. journal of economic analysis & policy, 13(3):1-43.

CHENG V, 2009. Understanding density and high density, designing high-density cities[M]. London: Routledge.

CHUN B, GULDMANN J M, 2014. Spatial statistical analysis and simulation of the urban heat island in high-density central cities[J]. Landscape and urban planning, 125: 76-88.

CLARK C, 1951. Urban population densities[J]. Journal of the royal statistical society. Series A (general), 114(4): 490-496.

CLARK L P, MILLET D B, MARSHALL J D, 2011. Air quality and urban form in U. S. urban areas: evidence from regulatory monitors [J]. Environmental science & technology, 45(16): 7028-7035.

COOMBES E, JONES A P, HILLSDON M, 2010. The relationship of physical activity and overweight to objectively measured green space accessibility and use[J]. Social science & medicine, 70(6): 816-822.

CRANE R, 2000. The influence of urban form on travel: an interpretive review [J]. Journal of planning literature, 15(1): 3-23.

CUI C, GEERTMAN S, HOOIMEIJER P, 2016. The mediating effects of parental and peer pressure on the migration intentions of university graduates in Nanjing[J]. Habitat international, 57: 100-109.

DASGUPTA S, HUQ M, WHEELER D, et al, 1996. Water pollution abatement by Chinese industry: cost estimates and policy implications[J]. Applied Economics, 33: 547-557.

DAVIES R G, BARBOSA O, FULLER R A, et al, 2008. City-wide relationships between green spaces, urban land use and topography [J]. Urban ecosystems, 11: 269-287.

DAVOUDI S, 2003. European briefing: polycentricity in European spatial planning: from an analytical tool to a normative agenda[J]. European planning studies, 11(8): 979-999.

DE LA BARRERA F, REYES-PAECKE S, BANZHAF E, 2016. Indicators for green spaces in contrasting urban settings[J]. Ecological indicators, 62: 212-219.

DEBBAGE N, SHEPHERD J M, 2015. The urban heat island effect and city contiguity[J]. Computers, environment and urban systems, 54: 181-194.

DURANTON G, PUGA D, 2004. Micro-foundations of urban agglomeration economies[M]//HENDERSON V, THISSE J F. Handbook of regional and urban economics: cities and geography. Amsterdam: Elsevier: 2063-2117.

EBENSTEIN A, FAN M Y, GREENSTONE M, et al, 2017. New evidence on the impact of sustained exposure to air pollution on life expectancy from China's Huai River Policy[J]. Proceedings of the national academy of sciences of the United States of America, 114(39): 10384-10389.

EDWARDS J R, LAMBERT L S, 2007. Methods for integrating moderation and mediation: a general analytical framework using moderated path analysis[J]. Psychological methods, 12(1):1-22.

ELSAYED I S M, 2012. Effects of population density and land management on the intensity of urban heat islands: a case study on the city of Kuala Lumpur, Malaysia[M]//MONWAR ALAM B. Application of geographic information systems. Rijeka: InTech: 267-283.

EMMANUEL R, FERNANDO H, 2007. Urban heat islands in humid and arid climates: role of urban form and thermal properties in Colombo, Sri Lanka and Phoenix, USA[J]. Climate research, 34(3):241-251.

ENGELFRIET L, KOOMEN E, 2017. The impact of urban form on commuting in large Chinese cities [J]. Transportation, 45(5):1269-1295.

Environmental Protection Agency, 2008. Reducing urban heat islands: compendium of strategies[R]. Washington, DC: Environmental Protection Agency.

ESCUDERO M, LOZANO A, HIERRO J, et al, 2014. Urban influence on increasing ozone concentrations in a characteristic Mediterranean agglomeration[J]. Atmospheric environment, 99:322-332.

EWING R, PENDALL R, CHEN D, 2003. Measuring sprawl and its transportation impacts [J]. Transportation research board, 1831 (1): 175-183.

EWING R, RONG F, 2008. The impact of urban form on U. S. residential energy use[J]. Housing policy debate, 19(1):1-30.

FINDELL K L, BERG A, GENTINE P, et al, 2017. The impact of anthropogenic land use and land cover change on regional climate extremes [J]. Nature communications, 8(1):1-10.

FREEDMAN J L, 1975. Crowding and behavior[M]. San Francisco: W. H. Freedman.

FRIEDMANN J R, 1966. Regional development policy: a case study of Venezuela[M]. Cambridge: The MIT Press.

FUJITA M, THISSE J-F, 2013. Economics of agglomeration: cities, industrial location, and globalization[M]. Cambridge: Cambridge University Press.

FULLER R A, GASTON K J, 2009. The scaling of green space coverage in European cities[J]. Biology letters, 5(3):352-355.

FÜR LANDESPFLEGE D D R, 2006. Durch doppelte innenentwicklung freiraumqualitäten erhalten. Freiraumqualitäten in der zukünftigen Stadtentwicklung[J]. Schriftenreihe des deutschen rates für landespflege, 78:5-39.

GAGO E J, ROLDAN J, PACHECO-TORRES R, et al, 2013. The city and urban heat islands: a review of strategies to mitigate adverse effects[J].

Renewable and sustainable energy reviews,25:749-758.

GALSTER G,HANSON R,RATCLIFFE M R,et al,2001. Wrestling sprawl to the ground: defining and measuring an elusive concept[J]. Housing policy debate,12(4):681-717.

GASTON K J,JACKSON S F, et al, 2008. The ecological performance of protected areas[J]. Annual review of ecology,evolution,and systematics, 39:93-113.

GHANEM D, ZHANG J J, 2014. 'Effortless perfection': do Chinese cities manipulate air pollution data[J]. Journal of environmental economics and management,68(2):203-225.

GINI C, 1921. Measurement of inequality of incomes [J]. The economic journal,31(121):124-125.

GINSBURG N S,KOPPEL B,MCGEE T G,1991. The extended metropolis: settlement transition is Asia[M]. Honolulu:University of Hawaii Press.

GIRIDHARAN R, LAU S S Y, GANESAN S, 2005. Nocturnal heat island effect in urban residential developments of Hong Kong[J]. Energy and buildings,37(9):964-971.

GIULIANO G,SMALL K A,1991. Subcenters in the Los Angeles region[J]. Regional science and urban economics,21(2):163-182.

GLAESER E L, KAHN M E, 2001. Decentralized employment and the transformation of the American city[M]//GALE W G, PACK J R. Brookings-Wharton papers on urban affairs. Washington, DC:Brookings Institution Press:1-63.

GLAESER E L, KAHN M E, 2004. Sprawl and urban growth [M]// HENDERSON V, THISSE J F. Handbook of regional and urban economics. Amsterdam:Elsevier:2481-2527.

GLAESER E L,KAHN M E,2010a. The greenness of cities:carbon dioxide emissions and urban development[J]. Journal of urban economics,67(3): 404-418.

GLAESER E L,KAHN M E,RAPPAPORT J,2008. Why do the poor live in cities? The role of public transportation[J]. Journal of urban economics, 63(1):1-24.

GLAESER E L,RESSEGER M G,2010b. The complementarity between cities and skills[J]. Journal of regional science,50(1):221-244.

GORDON P, RICHARDSON H W, 1997. Are compact cities a desirable planning goal[J]. Journal of the American planning association,63(1): 95-106.

GORDON P, RICHARDSON H W, WONG H L, 1986. The distribution of population and employment in a polycentric city:the case of Los Angeles [J]. Environment and planning A:economy and space,18(2):161-173.

GREENSTONE M, 2002. The impacts of environmental regulations on industrial activity: evidence from the 1970 and 1977 clean air act amendments and the census of manufactures[J]. Journal of political economy,110(6):1175-1219.

GREY G W,DENEKE F J,1986. Urban forestry[M]. 2nd ed. New York: Wiley.

GUNAWARDHANA L N, KAZAMA S, KAWAGOE S, 2011. Impact of urbanization and climate change on aquifer thermal regimes[J]. Water resources management,25(13):3247-3276.

GUSTAFSON E J,1998. Quantifying landscape spatial pattern: what is the state of the art[J]. Ecosystems,1(2):143-156.

HA J,LEE S,KWON S M,2018. Revisiting the relationship between urban form and excess commuting in US metropolitan areas[J]. Journal of planning education and research,41(3):294-311.

HAALAND C, VAN DEN BOSCH C K,2015. Challenges and strategies for urban green-space planning in cities undergoing densification:a review[J]. Urban forestry & urban greening,14(4):760-771.

HAJRASOULIHA A H, HAMIDI S, 2017. The typology of the American metropolis:monocentricity, polycentricity, or generalized dispersion[J]. Urban geography,38(3):420-444.

HAN S S, SUN B D, 2019. Impact of population density on $PM_{2.5}$ concentrations:a case study in Shanghai, China[J]. Sustainability, 11 (7):1968.

HAN S S,SUN B D,ZHANG T L,2020. Mono-and polycentric urban spatial structure and $PM_{2.5}$ concentrations:regarding the dependence on population density[J]. Habitat International,104:102257.

HAYES A F, SCHARKOW M, 2013. The relative trustworthiness of inferential tests of the indirect effect in statistical mediation analysis:does method really matter[J]. Psychological science,24(10):1918-1927.

HE C Y,LIU Z F,TIAN J,et al. 2014. Urban expansion dynamics and natural habitat loss in China:a multiscale landscape perspective[J]. Global change biology,20(9):2886-2902.

HELLAND E, WHITFORD A B, 2003. Pollution incidence and political jurisdiction:evidence from the TRI [J]. Journal of environmental economics and management,46(3):403-424.

HENDERSON J V, 1996. Effects of air quality regulation[J]. American economic review,86(4):789-813.

HERRNSTADT E, MUEHLEGGER E, 2015. Air pollution and criminal activity:evidence from Chicago microdata (No. w21787) [Z]. Cambridge: National Bureau of Economic Research.

HEYES A,NEIDELL M,SABERIAN S,2016. The effect of air pollution on investor behavior: evidence from the S & P 500 (No. w22753) [Z]. Cambridge:National Bureau of Economic Research.

HOLDEN E,NORLAND I T,2005. Three challenges for the compact city as a sustainable urban form:household consumption of energy and transport in eight residential areas in the Greater Oslo region[J]. Urban studies,42 (12):2145-2166.

HORTON F E,REYNOLDS D R,1971. Effects of urban spatial structure on individual behavior[J]. Economic geography,47(1):36-48.

HU L Q,SUN T S,WANG L L,2018. Evolving urban spatial structure and commuting patterns:a case study of Beijing, China[J]. Transportation research part D:transport and environment,59:11-22.

HUANG Y,SHEN H Z,CHEN H,et al,2014. Quantification of global primary emissions of $PM_{2.5}$, PM_{10}, and TSP from combustion and industrial process sources[J]. Environmental science & technology,48(23):13834-13843.

HUTYRA L R, YOON B, ALBERTI M, 2011. Terrestrial carbon stocks across a gradient of urbanization:a study of the Seattle, WA region[J]. Global change biology,17(2):783-797.

JAMES W, 2002. Green roads: research into permeable pavers [J]. Stormwater,3(2):40-48.

JENERETTE G D, HARLAN S L, BRAZEL A, et al, 2007. Regional relationships between surface temperature, vegetation, and human settlement in a rapidly urbanizing ecosystem[J]. Landscape ecology, 22 (3):353-365.

JENKS M,BURTON E,WILLIAMS K,1996. The compact city:a sustainable urban form[M]. London:E & FN Spon.

JIM C Y, CHEN S S, 2003. Comprehensive greenspace planning based on landscape ecology principles in compact Nanjing city,China[J]. Landscape and urban planning,65(3):95-116.

JIM C Y, CHEN S S, 2008. Assessing natural and cultural determinants of urban forest quality in Nanjing (China)[J]. Physical geography,29(5): 455-473.

JIM C Y,CHEN W Y,2006. Recreation-amenity use and contingent valuation of urban greenspaces in Guangzhou, China [J]. Landscape and urban planning,75(1-2):81-96.

JIM C Y,LIU H T,2001. Patterns and dynamics of urban forests in relation to land use and development history in Guangzhou City, China [J]. Geographical journal,167(4):358-375.

JUDD C M, KENNY D A, 1981. Process analysis:estimating mediation in treatment evaluations [J]. Evaluation review,5(5):602-619.

KABISCH N, HAASE D, 2013. Green spaces of European cities revisited for 1990-2006[J]. Landscape and urban planning, 110:113-122.

KANAGALA A, SAHNI M, SHARMA S, et al, 2004. A probabilistic approach of Hirschman-Herfindahl Index (HHI) to determine possibility of market power acquisition[C]. New York: IEEE PES power systems conference and exposition: IEEE: 1277-1282.

KANG J E, YOON D K, BAE H J, 2019. Evaluating the effect of compact urban form on air quality in Korea[J]. Environment and planning B: urban analytics and city science, 46(1): 179-200.

KIM Y H, BAIK J J, 2002. Maximum urban heat island intensity in Seoul[J]. Journal of applied meteorology, 41(6): 651-659.

KŁYSIK K, FORTUNIAK K, 1999. Temporal and spatial characteristics of the urban heat island of Łódź, Poland [J]. Atmospheric environment, 33(24): 3885-3895.

KONG F H, NAKAGOSHI N, 2006. Spatial-temporal gradient analysis of urban green spaces in Jinan, China[J]. Landscape and urban planning, 78 (3): 147-164.

KRUGMAN P, 1991. History and industry location: the case of the manufacturing belt[J]. American economic review, 81(2): 80-83.

KRUGMAN P R, 1995. Development, geography, and economic theory[M]. Cambridge: The MIT Press.

KÜHN M, 2003. Greenbelt and green heart: separating and integrating landscapes in European city regions[J]. Landscape and urban planning, 64 (1-2): 19-27.

LANGE A, QUAAS M F, 2007. Economic geography and the effect of environmental pollution on agglomeration [J]. The B. E. journal of economic analysis & policy, 7(1): 52.

LEE B, 2007. 'Edge' or 'edgeless' cities? Urban spatial structure in U. S. metropolitan areas, 1980 to 2000[J]. Journal of regional science, 47(3): 479-515.

LEE C, 2019. Impacts of urban form on air quality: emissions on the road and concentrations in the US metropolitan areas[J]. Journal of environmental management, 246:192-202.

LEE S, LEE B, 2014. The influence of urban form on GHG emissions in the U. S. household sector[J]. Energy policy, 68(2): 534-549.

LEROY S F, SONSTELIE J, 1983. Paradise lost and regained: transportation innovation, income, and residential location [J]. Journal of urban economics, 13(1): 67-89.

LESAGE J, PACE R K, 2009. Introduction to spatial econometrics[M]. Boca Raton: CRC Press.

LEYDESDORFF L, PERSSON O, 2010. Mapping the geography of science: distribution patterns and networks of relations among cities and institutes [J]. Journal of the American society for information science and technology, 61(8):1622-1634.

LI W, SUN B D, ZHANG T L, 2018a. Spatial structure and labour productivity: evidence from prefectures in China[J]. Urban studies, 56 (8):1516-1532.

LI W, SUN B D, ZHAO J C, et al, 2018b. Economic performance of spatial structure in Chinese prefecture regions: evidence from night-time satellite imagery[J]. Habitat international, 76:29-39.

LI X Y, MOU Y C, WANG H Y, 2018c. How does polycentric urban form affect urban commuting? Quantitative measurement using geographical big data of 100 cities in China[J]. Sustainability, 10(12):1-14.

LI Y C, PHELPS N, 2018d. Megalopolis unbound: knowledge collaboration and functional polycentricity within and beyond the Yangtze River Delta Region in China, 2014[J]. Urban studies, 55(2):443-460.

LI Y C, XIONG W T, WANG X P, 2019. Does polycentric and compact development alleviate urban traffic congestion? A case study of 98 Chinese cities[J]. Cities, 88:100-111.

LI Y C, ZHU K, WANG S J, 2020. Polycentric and dispersed population distribution increases $PM_{2.5}$ concentrations: evidence from 286 Chinese cities, 2001-2016[J]. Journal of cleaner production, 248:119202.

LIN D, ALLAN A, CUI J, 2013. Does polycentric urban spatial development lead to less commuting: a perspective of jobs-housing balance[C]. [S. l.] 49th ISOCARP Congress 2013:1-10.

LIU C, SHEN Q, 2011. An empirical analysis of the influence of urban form on household travel and energy consumption[J]. Computers, environment and urban systems, 35(5):347-357.

LIU H, GONG P, WANG J, et al, 2020. Annual dynamics of global land cover and its long-term changes from 1982 to 2015[J]. Earth system science data, 12(2):1217-1243.

LIU J Y, LIU M L, DENG X Z, et al, 2002. The land use and land cover change database and its relative studies in China[J]. Journal of geographical sciences, 12(3):275-282.

LIU X J, DERUDDER B, WU K, 2015. Measuring polycentric urban development in China: an intercity transportation network perspective[J]. Regional studies, 50(8):1302-1315.

LIU X P, HU G H, CHEN Y M, et al, 2018. High-resolution multi-temporal mapping of global urban land using Landsat images based on the Google Earth Engine Platform[J]. Remote sensing of environment, 209:227-239.

LLOPIS-CASTELLÓ D, PÉREZ-ZURIAGA A M, CAMACHO-TORREGROSA F J, et al, 2018. Impact of horizontal geometric design of two-lane rural roads on vehicle CO_2 emissions[J]. Transportation research part D: transport and environment, 59:46-57.

LO A Y, 2016. Small is green? Urban form and sustainable consumption in selected OECD metropolitan areas[J]. Land use policy, 54:212-220.

LO A Y, JIM C Y, 2010. Willingness of residents to pay and motives for conservation of urban green spaces in the compact city of Hong Kong[J]. Urban forestry & urban greening, 9(2):113-120.

LOO B P Y, CHOW A S Y, 2010. Spatial restructuring to facilitate shorter commuting: an example of the relocation of Hong Kong international airport[J]. Urban studies, 48(8):1681-1694.

LU M, SUN C, ZHENG S Q, 2017. Congestion and pollution consequences of driving-to-school trips: a case study in Beijing[J]. Transportation research part D: transport and environment, 50:280-291.

MA J, LIU Z L, CHAI Y W, 2013. Urban form and carbon emissions from urban transport: based on the the analysis of individual behavior[J]. Urban planning international, 2:19-24.

MA L J C, LIN C S, 1993. Development of towns in China: a case study of Guangdong Province[J]. Population and development review, 19(3):583-606.

MAAS J, VERHEIJ R A, GROENEWEGEN P P, et al, 2006. Green space, urbanity, and health: how strong is the relation[J]. Journal of epidemiology & community health, 60(7):587-592.

MAGE D, OZOLINS G, PETERSON P, et al, 1996. Urban air pollution in megacities of the world[J]. Atmospheric environment, 30(5):681-686.

MARSHALL J D, 2008. Energy-efficient urban form[J]. Environmental science & technology, 42:3133-3137.

MARTILLI A, 2014. An idealized study of city structure, urban climate, energy consumption, and air quality[J]. Urban climate, 10:430-446.

MARTINS H, 2012. Urban compaction or dispersion? An air quality modelling study[J]. Atmospheric environment, 54(4):60-72.

MASSEY D S, DENTON N A, 1988. The dimensions of residential segregation[J]. Social forces, 67(2):281-315.

MCCARTY J, KAZA N, 2015. Urban form and air quality in the United States[J]. Landscape and urban planning, 139:168-179.

MCMILLEN D P, 2001. Nonparametric employment subcenter identification[J]. Journal of urban economics, 50(3):448-473.

MEIJERS E, 2008. Summing small cities does not make a large city: polycentric urban regions and the provision of cultural, leisure and sports amenities[J]. Urban studies,45(11):2323-2342.

MEIJERS E, BURGER M, 2010. Spatial structure and productivity in US metropolitan areas[J]. Environment and planning A:economy and space, 42(6):1383-1402.

MIDDEL A, HÄB K, BRAZEL A J, et al, 2014. Impact of urban form and design on mid-afternoon microclimate in Phoenix Local Climate Zones[J]. Landscape and urban planning,122:16-28.

MILLS E S, 1967. An aggregative model of resource allocation in a metropolitan area[J]. American economic review,57(2):197-210.

MOKHTARIAN P L, VARMA K V, 1998. The trade-off between trips and distance traveled in analyzing the emissions impacts of center-based telecommuting [J]. Transportation research part D: transport and environment,3(6):419-428.

MUTH R F,1969. Cities and housing:the spatial pattern of urban residential land use[M]. Chicago:The University of Chicago Press.

NAKAMURA Y,OKE T R,1988. Wind,temperature and stability conditions in an east-west oriented urban canyon[J]. Atmospheric environment, 22 (12):2691-2700.

NAM K,LIM U, KIM B H S,2012. 'Compact' or 'sprawl' for sustainable urban form? Measuring the effect on travel behavior in Korea[J]. The annals of regional science,49(1):157-173.

NOLAND R B, QUDDUS M A, 2006. Flow improvements and vehicle emissions:effects of trip generation and emission control technology[J]. Transportation research part D:transport and environment,11(1):1-14.

NORMAN J,MACLEAN H L, KENNEDY C A, 2006. Comparing high and low residential density:life-cycle analysis of energy use and greenhouse gas emissions[J]. Journal of urban planning and development,132(1):10-21.

NOWAK D J,CRANE D E,STEVENS J C,2006. Air pollution removal by urban trees and shrubs in the United States[J]. Urban forestry & urban greening,4(3-4):115-123.

OAKES J M, FORSYTH A, SCHMITZ K H, 2007. The effects of neighborhood density and street connectivity on walking behavior:the Twin Cities walking study[J]. Epidemiologic perspectives & innovations, 4(1): 16-24.

OKE T R, 1973. City size and the urban heat island [J]. Atmospheric environment,7(8):769-779.

OKE T R, 1981. Canyon geometry and the nocturnal urban heat island: comparison of scale model and field observations [J]. Journal of climatology,1(3):237-254.

OKE T R,1982. The energetic basis of the urban heat island[J]. Quarterly journal of the royal meteorological society, 108(455):1-24.

PAN T, KUANG W H, HAMDI R, et al, 2019. City-level comparison of urban land-cover configurations from 2000-2015 across 65 countries within the global belt and road[J]. Remote sensing, 11(13):1515.

PATHAK V, TRIPATHI B D, MISHRA V K, 2011. Evaluation of anticipated performance index of some tree species for green belt development to mitigate traffic generated noise[J]. Urban forestry & urban greening, 10 (1):61-66.

PENG L, LIU J P, WANG Y, et al, 2018. Wind weakening in a dense high-rise city due to over nearly five decades of urbanization[J]. Building and environment, 138:207-220.

PERROUX F, 1955. A note on the notion of growth pole[J]. Applied economy, 1(2):307-320.

PINHO O S, MANSO ORGAZ M D, 2000. The urban heat island in a small city in coastal Portugal[J]. International journal of biometeorology, 44 (4):198-203.

QIAO Z, TIAN G J, ZHANG L X, et al, 2014. Influences of urban expansion on urban heat island in Beijing during 1989-2010 [J]. Advances in meteorology, 2014:187169.

QIN Y, ZHU H J, 2018. Run away? Air pollution and emigration interests in China[J]. Journal of population economics, 31(1):235-266.

RAFEQ JABAREEN Y, 2006. Sustainable urban forms: their typologies, models, and concepts[J]. Journal of planning education and research, 26 (1):38-52.

RINNER C, HUSSAIN M, 2011. Toronto's urban heat island: exploring the relationship between land use and surface temperature [J]. Remote sensing, 3(6):1251-1265.

RIZWAN A M, DENNIS L Y, LIU C H, 2008. A review on the generation, determination and mitigation of urban heat island [J]. Journal of environmental sciences, 20(1):120-128.

ROBACK J, 1982. Wages, rents, and the quality of life[J]. Journal of political economy, 90(6):1257-1278.

ROSEN S, 1979. Wage-based indexes of urban quality of life [M]// MIESZKOWSKI P, STRASZHEIM M. Current issues in urban economics. Baltimore: Johns Hopkings University Press.

RUSSO A, CIRELLA G T, 2018. Modern compact cities: how much greenery do we need[J]. International journal of environmental research and public health, 15(10):2180.

SAILOR D J, LU L, 2004. A top-down methodology for developing diurnal and seasonal anthropogenic heating profiles for urban areas[J]. Atmospheric environment,38(17):2737-2748.

SAT N A,2018. Polycentricity in a developing world:a micro-regional analysis for morphological polycentricity in Turkey[J]. Geoscape,12(2):64-75.

SCHMID J A,1977. Urban vegetation:a review and Chicago case study[J]. Annals of the association of American geographers,67(1):171-173.

SCHWARZ N,MANCEUR A M,2014. Analyzing the influence of urban forms on surface urban heat islands in Europe[J]. Journal of urban planning and development,141(3):A4014003.

SHE Q N,PENG X,XU Q,et al,2017. Air quality and its response to satellite-derived urban form in the Yangtze River Delta, China[J]. Ecological indicators,75:297-306.

SHEN J F,WONG K Y,FENG Z Q,2002. State-sponsored and spontaneous urbanization in the Pearl River Delta of South China, 1980-1998[J]. Urban geography,23(7):674-694.

SLEUWAEGEN L, DEHANDSCHUTTER W, 1986. The critical choice between the concentration ratio and the H-index in assessing industry performance[J]. The journal of industrial economics,35(2):193-208.

SMALL K A, SONG S F, 1994. Population and employment densities: structure and change[J]. Journal of urban economics,36(3):292-313.

SONNE W, 2009. Dwelling in the metropolis: reformed urban blocks 1890-1940 as a model for the sustainable compact city[J]. Progress in planning,72(2):53-149.

STÅHLE A,2010. More green space in a denser city:critical relations between user experience and urban form[J]. Urban design international,15(1):47-67.

STONE B,HESS J J,FRUMKIN H,2010. Urban form and extreme heat events: are sprawling cities more vulnerable to climate change than compact cities[J]. Environmental health perspectives,118(10):1425-1428.

STONE B JR, MEDNICK A C, HOLLOWAY T, et al, 2007. Is compact growth good for air quality [J]. Journal of the American planning association,73(4): 404-418.

STONE B JR,RODGERS M O,2001. Urban form and thermal efficiency:how the design of cities influences the urban heat island effect[J]. Journal of the American planning association,67(2):186-198.

SUGIYAMA T, LESLIE E, GILES-CORTI B, et al, 2008. Associations of neighbourhood greenness with physical and mental health: do walking, social coherence and local social interaction explain the relationships[J]. Journal of epidemiology and community health,62(5):e9.

SUN B D, ERMAGUN A, DAN B, 2017. Built environmental impacts on commuting mode choice and distance: evidence from Shanghai [J].

Transportation research part D: transport and environment, 52:441-453.

SUN B D, HAN S S, LI W, 2020a. Effects of the polycentric spatial structures of Chinese city regions on CO_2 concentrations[J]. Transportation research part D: transport and environment, 82:102333.

SUN B D, HE Z, ZHANG T L, et al, 2016. Urban spatial structure and commute duration: an empirical study of China[J]. International journal of sustainable transportation, 10(7):638-644.

SUN B D, LI W, ZHANG Z Q, et al, 2019. Is polycentricity a promising tool to reduce regional economic disparities? Evidence from China's prefectural regions[J]. Landscape and urban planning, 192:103667.

SUN T S, LV Y Q, 2020b. Employment centers and polycentric spatial development in Chinese cities: a multi-scale analysis [J]. Cities, 99:102617.

SUSCA T, GAFFIN S R, DELL'OSSO G R, 2011. Positive effects of vegetation: urban heat island and green roofs[J]. Environmental pollution, 159(8-9):2119-2126.

TAO J, WANG Y, WANG R, et al, 2019. Do compactness and poly-centricity mitigate PM_{10} emissions? Evidence from Yangtze River Delta area[J]. International journal of environmental research and public health, 16 (21):4204.

TAO Y, LI F, LIU X S, et al, 2015. Variation in ecosystem services across an urbanization gradient: a study of terrestrial carbon stocks from Changzhou, China[J]. Ecological modelling, 318:210-216.

TRAN H, UCHIHAMA D, OCHI S, et al, 2006. Assessment with satellite data of the urban heat island effects in Asian mega cities[J]. International journal of applied earth observation and geoinformation, 8(1):34-48.

TSAI Y H, 2005. Quantifying urban form: compactness versus 'sprawl'[J]. Urban studies, 42(1):141-161.

TZOULAS K, KORPELA K, VENN S, et al, 2007. Promoting ecosystem and human health in urban areas using green infrastructure: a literature review [J]. Landscape and urban planning, 81(3):167-178.

United Nations, 2019. World urbanization prospects: the 2018 revision[R]. New York: United Nations Department of Economics and Social Affairs.

United Nations Environment Programme, 2019. Global environment outlook—GEO-b: healthy planet, healthy people [M]. Cambridge: Cambridge University Press.

VAN HERZELE A, WIEDEMANN T, 2003. A monitoring tool for the provision of accessible and attractive urban green spaces[J]. Landscape and urban planning, 63(2):109-126.

VAN MARREWIJK C, 2005. Geographical economics and the role of pollution on location[Z]. Tinbergen Institute Discussion Paper, No. TI 2005-018/2.

VAN OORT F,BURGER M,RASPE O,2010. On the economic foundation of the urban network paradigm:spatial integration,functional integration and economic complementarities within the Dutch Randstad[J]. Urban studies,47(4):725-748.

VENERI P,BURGALASSI D,2012. Questioning polycentric development and its effects. Issues of definition and measurement for the Italian NUTS-2 regions[J]. European planning studies,20(6):1017-1037.

WANG F H,ZHOU Y X,1999. Modelling urban population densities in Beijing 1982-90: suburbanisation and its causes[J]. Urban studies, 36 (2): 271-287.

WANG H, WHEELER D, WANG H, 1996. Pricing industrial pollution in China:an economic analysis of the levy system[M]. Washington, DC:The World Bank.

WANG R, TAO S, CIAIS P, et al, 2013. High-resolution mapping of combustion processes and implications for CO_2 emissions[J]. Atmospheric chemistry and physics,13(10):5189-5203.

WANG S J, WANG J Y, FANG C, et al, 2018. Estimating the impacts of urban form on CO_2 emission efficiency in the Pearl River Delta,China[J]. Cities,85:117-129.

WHEATON W C,2004. Commuting,congestion,and employment dispersal in cities with mixed land use [J]. Journal of urban economics, 55 (3): 417-438.

WOLCH J R, BYRNE J, NEWELL J P, 2014. Urban green space, public health,and environmental justice:the challenge of making cities 'just green enough'[J]. Landscape and urban planning,125:234-244.

WRIGHT WENDEL H E,ZARGER R K,MIHELCIC J R,2012. Accessibility and usability:green space preferences,perceptions,and barriers in a rapidly urbanizing city in Latin America[J]. Landscape and urban planning,107 (3):272-282.

WU J Y,RAPPAZZO K M,SIMPSON R J JR,et al,2018. Exploring links between greenspace and sudden unexpected death:a spatial analysis[J]. Environment international,113:114-121.

XIAO R B,OUYANG Z Y,ZHENG H,et al,2007. Spatial pattern of impervious surfaces and their impacts on land surface temperature in Beijing,China[J]. Journal of environmental sciences,19(2):250-256.

XU C,HAASE D,PAULEIT S,2018. The impact of different urban dynamics on green space availability:a multiple scenario modeling approach for the region of Munich,Germany [J]. Ecological indicators,93:1-12.

XU D,ZHOU D,WANG Y P,et al,2019. Field measurement study on the impacts of urban spatial indicators on urban climate in a Chinese basin and static-wind city[J]. Building and environment,147:482-494.

YANG D Y, YE C, WANG X M, et al, 2018. Global distribution and evolvement of urbanization and $PM_{2.5}$ (1998-2015) [J]. Atmospheric environment,182:171-178.

YANG L,NIYOGI D,TEWARI M,et al,2016. Contrasting impacts of urban forms on the future thermal environment:example of Beijing metropolitan area[J]. Environmental research letters,11(3):034018.

YIN C H,YUAN M,LU Y P,et al,2018. Effects of urban form on the urban heat island effect based on spatial regression model[J]. The science of the total environment,634:696-704.

YUAN F, BAUER M E, 2007. Comparison of impervious surface area and normalized difference vegetation index as indicators of surface urban heat island effects in Landsat imagery[J]. Remote sensing of environment,106 (3):375-386.

YUAN M,HUANG Y P,SHEN H F,et al,2018a. Effects of urban form on haze pollution in China:spatial regression analysis based on $PM_{2.5}$ remote sensing data[J]. Applied geography,98:215-223.

YUAN M,SONG Y,HUANG Y P,et al,2018b. Exploring the association between urban form and air quality in China[J]. Journal of planning education and research,38(4):413-426.

YUE W Z, QIU S S, XU H, et al, 2019. Polycentric urban development and urban thermal environment:a case of Hangzhou,China[J]. Landscape and urban planning,189:58-70.

ZHANG T,CHEN S S,LI G Y,2018. Exploring the relationships between urban form metrics and the vegetation biomass loss under urban expansion in China [J]. Environment and planning B:urban analytics and city science,47(3):363-380.

ZHANG W Y, DERUDDER B, 2019. How sensitive are measures of polycentricity to the choice of 'centres'? A methodological and empirical exploration[J]. Urban studies,56(16):3339-3357.

ZHANG X,ZHANG X B,CHEN X,2017. Happiness in the air:how does a dirty sky affect mental health and subjective well-being[J]. Journal of environmental economics and management,85:81-94.

ZHAO B, MAO K B, CAI Y L, et al, 2019. A combined Terra and Aqua MODIS land surface temperature and meteorological station data product for China from 2003-2017[J]. Earth system science data discussions,12 (4):2555-2577.

ZHAO J J,CHEN S B,JIANG B,et al,2013. Temporal trend of green space coverage in China and its relationship with urbanization over the last two decades[J]. The science of the total environment,442:455-465.

ZHAO P J,DIAO J J,LI S X,2017. The influence of urban structure on individual transport energy consumption in China's growing cities［J］. Habitat international,66:95-105.

ZHOU B,RYBSKI D,KROPP J P,2017. The role of city size and urban form in the surface urban heat island[J]. Scientific reports,7(1):4791.

ZHOU W Q, HUANG G L, CADENASSO M L, 2011. Does spatial configuration matter? Understanding the effects of land cover pattern on land surface temperature in urban landscapes ［J］. Landscape and urban planning,102(1):54-63.

图1-1 源自:笔者根据2018年联合国世界人口展望数据绘制.

图1-2 源自:张春桦,邹贤菊,宋晓猛,2020. 基于城镇化水平分析2003—2017年我国洪涝灾害演变特征[J]. 江苏水利(3):14-17.

图1-3 源自:张衔春,龙迪,边防,2015. 兰斯塔德"绿心"保护:区域协调建构与空间规划创新[J]. 国际城市规划,30(5):57-65.

图1-4 源自:笔者基于文献可视化分析工具CiteSpace平台绘制[数据源自科学网(Web of Science)].

图1-5 源自:笔者基于文献可视化分析工具CiteSpace平台制作(数据源自中国知网).

图1-6 至图1-9 源自:笔者绘制.

图2-1 源自:笔者根据ALONSO W,1964. Location and land use:toward a general theory of land rent[M]. Cambridge:Harvard University Press绘制.

图2-2 源自:笔者根据HENDERSON J V,1996. Effects of air quality regulation[J]. American economic review,86(4):789-813绘制.

图2-3 源自:FRIEDMANN J R,1966. Regional development policy:a case study of Venezuela[M]. Cambridge:The MIT Press.

图2-4 源自:陆玉麒,2002. 区域双核结构模式的形成机理[J]. 地理学报,57(1):85-95.

图2-5 源自:笔者绘制.

图3-1 源自:笔者根据BURGER M,MEIJERS E,2012. Form follows function? Linking morphological and functional polycentricity[J]. Urban studies,49:1127-1149绘制.

图3-2 源自:笔者根据LandScan全球人口分布数据绘制.

图3-3 源自:CHENG V,2009. Understanding density and high density,designing high-density cities[M]. London:Routledge.

图3-4 源自:BERTAUD A,2004. The spatial organization of cities:deliberate outcome or unforeseen consequence[Z]. Berkeley:Institute of Urban and Regional Development.

图3-5 源自:笔者根据LandScan全球人口分布数据绘制.

图3-6 源自:笔者根据MEIJERS E,BURGER M,2010. Spatial structure and productivity in US metropolitan areas[J]. Environment and planning A:economy and space,42(6):1383-1402绘制.

图3-7、图3-8 源自:笔者根据LandScan全球人口分布数据绘制.

图 3-9 至图 3-11 源自:笔者绘制.

图 4-1 至图 4-7 源自:笔者绘制.

图 5-1 至图 5-3 源自:笔者绘制.
图 5-4 源自:笔者绘制.

图 6-1 源自:STONE B JR,RODGERS M O,2001. Urban form and thermal efficiency:how the design of cities influences the urban heat island effect [J]. Journal of the American planning association,67(2):186-198;美国国家环境保护局.
图 6-2、图 6-3 源自:笔者绘制.
图 6-4 源自:ZHAO B,MAO K B,CAI Y L,et al,2019. A combined Terra and Aqua MODIS land surface temperature and meteorological station data product for China from 2003-2017 [J]. Earth system science data discussions,12(4):2555-2577.
图 6-5、图 6-6 源自:笔者根据 ZHAO B,MAO K B,CAI Y L,et al,2019. A combined Terra and Aqua MODIS land surface temperature and meteorological station data product for China from 2003-2017[J]. Earth system science data discussions,12(4):2555-2577 绘制.
图 6-7 至图 6-9 源自:笔者绘制.

表 1-1 源自：笔者根据世界卫生组织（WHO）数据绘制.

表 1-2 源自：笔者采用词频统计分析的方法制作.

表 2-1 源自：笔者绘制.

表 3-1 源自：笔者绘制.

表 4-1 源自：笔者根据 2010 年中国城市区域状况绘制.

表 4-2 至表 4-9 源自：笔者绘制.

表 5-1 源自：笔者根据全球土地利用（Land Cover CCI）的产品使用指导（第二版）翻译.

表 5-2 至表 5-6 源自：笔者绘制.

表 6-1 至表 6-5 源自：笔者绘制.

表 7-1 源自：笔者绘制.

注：附录中的表格均为笔者绘制。

本书作者

韩帅帅,河南洛阳人。河南科技大学商学院副教授、硕士生导师,华东师范大学人文地理学博士,中原文化青年拔尖人才,河洛文化青年拔尖人才,河南科技大学 A 类博士人才。研究方向为城市空间结构演化及其生态绩效。以第一作者和通讯作者在《城市》(Cities)、《国际人居》(Habitat International)等顶尖期刊上发表论文 20 余篇。主持国家自然科学基金、教育部人文社科基金、中国博士后科学基金、河南省哲学社会科学规划项目等。获得上海市决策咨询研究成果奖一等奖、中国地理学会优秀论文奖等奖励多项。